單位図鑑

監修／高橋丈夫

はじめに

「単位って何?」と質問されたら、みなさんはどう答えますか? きっと辞書にあるように、正確に答えられる人はほとんどいないでしょう。

長さ、面積、重さ、時間などの量を数値で表すとき、それぞれ一定の量の何倍あるかで表すことができます。その基準として用いる一定の量のことを「単位」といいます。たとえば体重67kgとは、体重が単位量1kgの67倍であることを意味しています。単位には、なかなか個性的なものも数多くあります。ぜひいろいろな単位にふれてみてください。

ところでみなさんは、単位を覚えたり、単位を換算したりするのは得意ですか? 私のまわりには苦手な人がけっこういます。たとえば「1mは何cm?」と聞くと、「10cm」と答える人はあまりいませんが、「1000cm」と答える人がいたり、1kgが100gになってしまったり、1Lが100cm³になってしまう人がいます。1m＝100cm、1kg＝1000g、1L＝1000cm³、これらを0の数で覚え、その0の数のみをたよりに単位の換算の仕方を覚えようとすると、そういった勘違いが生じるのではないでしょうか。そうならないた

めには、たとえば、自分の身長を考えてみたらどうでしょう。身長が135cmの人は、何の苦労もなく自分の身長を1m35cmと言いかえることができるでしょう。また、生まれた時の体重のことを思い出してみてください。2350gで生まれた人は2kg350g（2キロ350グラム）であって、1kgを100gとかんちがいして23kg50gとは考えないと思います（23キロで生まれてくる人はいないですよね）。それから、1Lが縦横高さ10cm、つまり体積（1000cm³）が10cm×10cm×10cmの立方体のマスに入る水の量であることと結びつけて頭に入れておいたらどうでしょう。

　自分の生活やその単位が生まれた面白エピソード、はたまた実験や体験と「単位」を結びつけることで、単位がより身近に感じられ、その理解がより確かなものになるのではないでしょうか。

　この本がそんな体験の橋渡しや、みなさんの力に少しでもなれたら素敵だなあ、と思います。にぎやかな単位のキャラクターたちが単位の世界をあんないしてくれますよ。

高橋丈夫

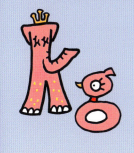

単位図鑑 もくじ

はじめに 2
身のまわりには単位がいっぱい！ 6
この本の使い方 10

第1章　単位って何だろう？
どうして単位が必要なの？ 12
単位にはどんな種類があるの？ 13
数のかぞえ方の決まり 14
大きな数と小さな数のあらわし方 16
単位の歴史 18

第2章　基本の単位
長さの単位 22
重さの単位 28
面積の単位 34
体積とかさの単位 40

★パズルに挑戦
　6Lのますで1Lから6Lまではかれる？ 45

時間の単位 46
速さの単位 48
温度の単位 50
角度の単位 52

★パズルに挑戦
　卵をぴったり9分ゆでるには？ 54

第3章　知っていると便利な単位

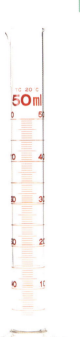

音の単位 56
明るさの単位 58
電気の単位 60
電波の単位 62
気象の単位 64
割合の単位 66
宇宙の単位 68
コンピューターの単位 70
エネルギーの単位 72
日本の単位 74

★クイズに挑戦
　地球のまわりにロープをはると…？ 76

第4章　単位事典

さまざまな単位 78
もののかぞえ方 86

さくいん 90

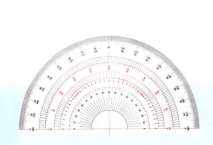

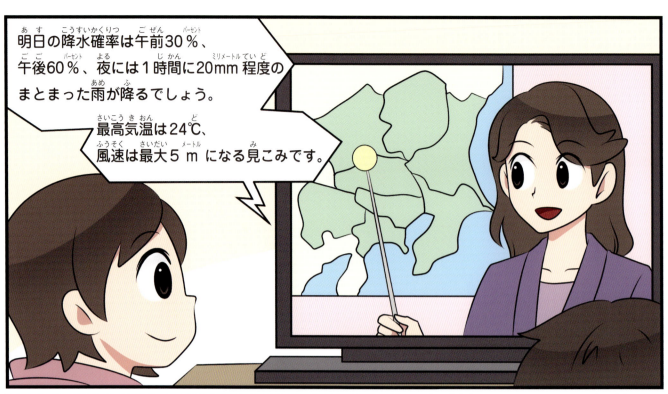
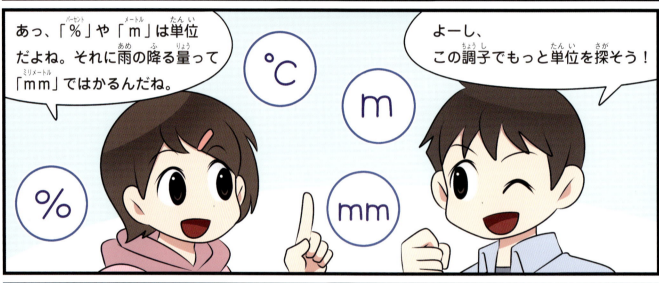
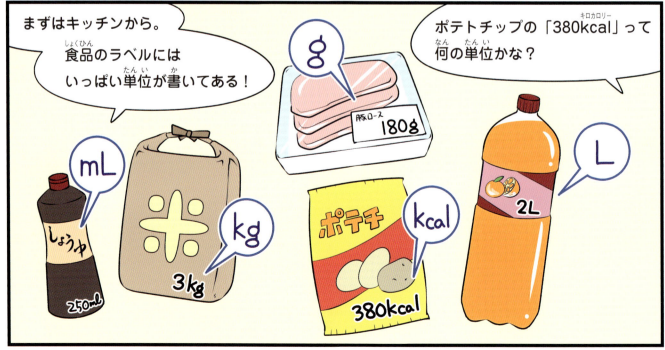

この本の使い方

この本では、小学校や中学校で習う単位や、生活で使う単位を紹介しています。

単位の種類 はかるものごとに単位を分類しています。

はかる道具 ものをその単位ではかるための道具です。

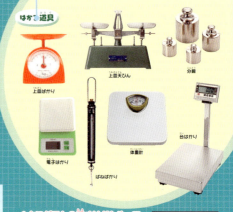

単位の説明 単位を簡単に説明しています。

単位の定義と換算 単位の1にあたる量や、計算のきまりを説明しています。

こんなところに使われている 身のまわりでその単位が使われている例を紹介しています。

由来など 単位がどうやって決まったかや、単位の名前のひみつなどを紹介しています。

いろいろな量 いろいろなものの量を写真と合わせて紹介しています。

ものとその量 種類によって量がことなるものは、およその量や平均的な量を紹介しています。

仲間の単位 知っておくと便利な、仲間の単位を解説しています。

トリビア 単位にまつわる豆知識を紹介しています。

第1章
単位って何だろう?

単位とはそもそも
どんなものなのでしょうか?
単位はどうやってできたのでしょうか?
単位をくわしく見ていく前に、
単位とは何なのか考えてみましょう。

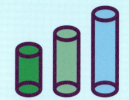
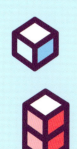

どうして単位が必要なの？

わたしたちはたくさんの単位に囲まれてくらしています。単位とはどんなもので、どんな役割があるのでしょうか。

そもそも単位って何？

ものの量をくらべるとき、たとえばえんぴつなら1本、2本…、りんごなら1個、2個…とかぞえることができます。このようなものの場合は、数をくらべることがきます。

一方、水の量や背の高さのように、1つ、2つとかぞえることができないものもあります。またお米のように小さくてたくさんあるものも、かぞえるのが大変です。このように数をかぞえることができないものは、「1」にあたる量を決めて基準にし、それがいくつ分あるかでくらべます。その「1にあたるもの」に名前をつけたのが単位です。

かぞえられるもの

3本　　6個

かぞえられないもの

雨　　背の高さ　　米

同じ場所にいる人どうしなら、ならんでみればどちらの背が高いかわかりますね。でも、遠くはなれた場所にいる場合、そういうわけにはいきません。そこで単位が必要になります。共通の単位があれば、場所や時がはなれていてもくらべることができます。

わたしたちのくらしはどんどん複雑になり、それに合わせてたくさんの単位が生みだされています。単位があるおかげで、人から人へと情報を正確に伝えることができ、世界中のことを知ることもできるようになったのです。

単位にはどんな種類があるの？

世の中にはたくさんの単位があります。長さの単位ひとつとってみても、国や地域によってさまざまな単位がつくられてきました。しかし世界共通の単位にまとめようという取り組みが進められています。

これまで時代や地域ごとに、さまざまな単位が生みだされてきました。日本では昭和まで長さの単位「尺」と重さの単位「貫」を基本とした「尺貫法」（くわしくは74ページ）という単位のグループが使われていました。また、アメリカやイギリスには、長さの単位「ヤード」と重さの単位「ポンド」を基本とした「ヤード・ポンド法」があり、今でもゴルフなどに使われています。このように基本の単位を中心としたグループを「単位系」とよびます。わたしたちがふだんよく使っている「メートル」や「キログラム」も「メートル法」という単位系です。

単位系にはいろいろな種類があり、それぞれが基準とする量がバラバラなため、くらべるのが難しくなります。そこで、世界で共通する単位としてメートル法をもとにした「国際単位系（SI）」がつくられました。

国際単位系は、中心となる7つの基本単位と、それらの組み合わせであらわす組立単位などで構成されています。たとえば基本単位の「メートル」と「秒」を組み合わせると、速さの単位「メートル毎秒」になります。

国際単位系の7つの基本単位

	名称	記号
長さ	メートル	m
質量（重さ）	キログラム	kg
時間	秒	s
電流	アンペア	A
温度	ケルビン	K
物質量	モル	mol
光度	カンデラ	cd

組立単位の例

	名称	記号
面積	平方メートル	m^2
体積	立方メートル	m^3
速度	メートル毎秒	m/s
加速度	メートル毎秒毎秒	m/s^2
密度	キログラム毎立方メートル	kg/m^3

mを組み立てると…

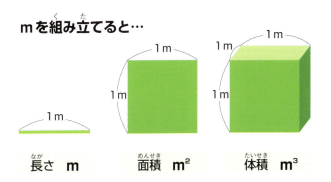

長さ m　面積 m^2　体積 m^3

数のかぞえ方の決まり

決まった数の数字を使い、それをならべて数をあらわす方法を「位取り記数法」といいます。初めて聞く言葉かもしれませんが、これはわたしたちがふだん使っている方法です。どんな決まりがあるのか見てみましょう。

10進法

数が10まとまるごとに位を1つ上げていく方法を10進法といいます。0から9までの10個の数字を使って、9の次は位が1つ上がって10と書きます。321という数は、100が3つ、10が2つ、1が1つあることをしめします。その位に1つもないときは、0を書きます。

10進法の位取り記数法は世界中で最も使われている方法です。漢字のように百、千、万、億など位ごとにちがった文字を使わなくても、たった10個の数字だけでどんな数でもあらわすことができるのでとても便利です。

10進法は、手の指を使って数をかぞえるとき、両手の指が10本あることから考えだされたともいわれています。

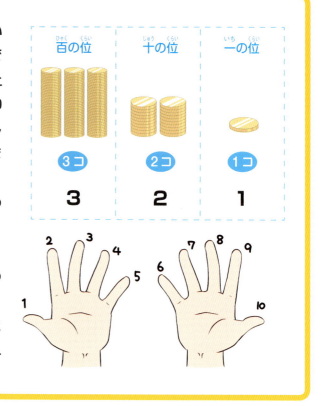

数字の発明

今からおよそ4000年前、古代バビロニアの人びとは、ねん土板に四角い棒の角をおしつけてきざみ目をつけ、数をあらわしました。きざみ目の数ではなく、形で数をあらわす世界で初めての数字といわれています。

バビロニアでは10進法と60進法を組み合わせた位取り記数法が使われていました。1から59までの数字は、右の図のようになっています。60は、また1と同じ記号を使ってあらわしました。

12進法

　12を1つのまとまりとしたかぞえ方です。えんぴつは12本入りが1箱で売られていますが、この12本のまとまりを「1ダース」といいます。1ダースが12個まとまると、「1グロス」といいます。日本ではあまり使われないかぞえ方ですが、アメリカやイギリスで使われる長さの単位1フィートは12インチで、12進法が使われています。
　12進法は1年が12か月になることから使われるようになったともいわれています。

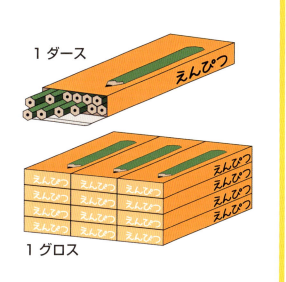

1ダース

1グロス

60進法

　60を1つのまとまりとするかぞえ方です。身近なところでは、時間をかぞえるのに使われています。時計の文字ばんを見ると、1から12の数字があって、全体が60に分かれていますね。1時間は60分、1分は60秒とかぞえます。角度にも60進法が使われていて、円は360度、1度は60分、1分は60秒とかぞえます。

2進法

　0と1の2つの数字だけを使うかぞえ方です。10進法の1は2進法でも「1」ですが、2は2進法では「10」、3は「11」、4は「100」…60は「111100」になります。コンピューターの中では、「電流が流れる」を「1」、「流れない」を「0」に対応させて、文字や画像、音声などがすべて2進法の数字としてあつかわれます。

大きな数と小さな数のあらわし方

米の大きさは0.005m、地球から月までの距離は約380000000m。いろいろな長さを1つの単位であらわそうとすると、けたが大きくなりすぎてしまいます。どうすればわかりやすくあらわすことができるでしょうか。

10進法はどんな数でも規則的にあらわすことができて便利ですが、一方でけたが大きくなりすぎるとかぞえるのが大変になります。そこで、大きな数や小さな数をあらわすとき、単位の前に「接頭語」をつけて0の数をへらす方法があります。たとえば「メートル」の前に「ミリ」をつけると、0.005mを5mmとあらわすことができます。国際単位系（SI）には、大きな数をあらわす「メガ」「ギガ」や、小さな数をあらわす「センチ」「ミリ」など20の接頭語があります。

接頭語は単位に1つだけつけることができます。たとえば「1000kg」は「1kkg」にはできません。この場合は「1Mg」とあらわします。

また、日本や中国では、大きな数をあらわす「万」や「億」、小さな数をあらわす「分」や「厘」などの数詞（数字の名前）を数字の後につけて使います。たとえば「500000000人」を「5億人」と書くと、いちいちけたをかぞえなくていいので便利です。また、体温の「37.2度」を「37度2分」ということもありますね。

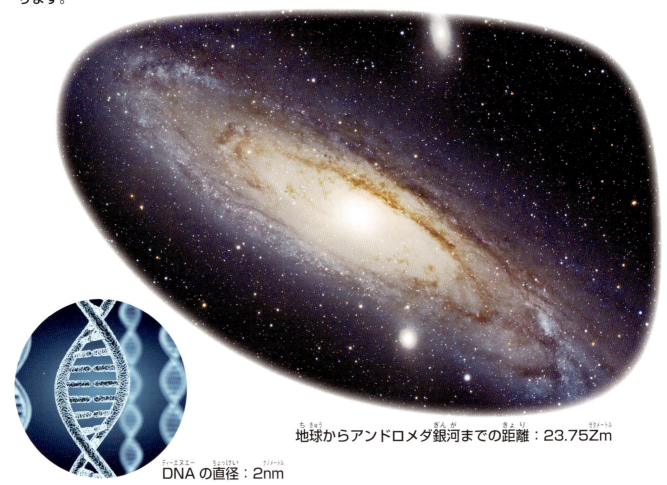

地球からアンドロメダ銀河までの距離：23.75Zm

DNAの直径：2nm

接頭語

接頭語		数詞	10進法	
ヨタ	(Y)	秭（じょ）、秭（し）	10^{24}	1000000000000000000000000
ゼタ	(Z)		10^{21}	1000000000000000000000
エクサ	(E)		10^{18}	1000000000000000000
ペタ	(P)		10^{15}	1000000000000000
テラ	(T)	兆（ちょう）	10^{12}	1000000000000
ギガ	(G)	十億（じゅうおく）	10^{9}	1000000000
メガ	(M)	百万（ひゃくまん）	10^{6}	1000000
キロ	(k)	千（せん）	10^{3}	1000
ヘクト	(h)	百（ひゃく）	10^{2}	100
デカ	(da)	十（じゅう）	10^{1}	10
		一（いち）	10^{0}	1
デシ	(d)	分（ぶ）	10^{-1}	0.1
センチ	(c)	厘（りん）	10^{-2}	0.01
ミリ	(m)	毛（もう）	10^{-3}	0.001
マイクロ	(μ)	微（び）	10^{-6}	0.000001
ナノ	(n)	塵（じん）	10^{-9}	0.000000001
ピコ	(p)	漠（ばく）	10^{-12}	0.000000000001
フェムト	(f)	須臾（しゅゆ）	10^{-15}	0.000000000000001
アト	(a)	刹那（せつな）	10^{-18}	0.000000000000000001
ゼプト	(z)	清浄（せいじょう・しょうじょう）	10^{-21}	0.000000000000000000001
ヨクト	(y)	涅槃寂静（ねはんじゃくじょう）	10^{-24}	0.000000000000000000000001

> メガ以上とマイクロ以下は、0の数が3つずつ増減していく！

「10^1」は「10の1乗」と読みます。10の右上にある小さな数字は、その数だけ10をかけるという意味です。10^3は10×10×10＝1000です。右上の数字に「−」がついている場合は、その数だけ$\frac{1}{10}$をかけていきます。10^{-3}は、$\frac{1}{10} \times \frac{1}{10} \times \frac{1}{10}$＝0.001です。

単位の歴史

単位はどのように生まれて今のような形になったのでしょうか。
単位の歴史を見ていきましょう。

人の体ではかる

ものをはかるとき、基本になるのが長さの単位です。長さの単位のはじまりは、人間の体をもとにした単位です。

「キュービット」はひじの先から中指の先までの長さで、古代オリエントでは、王の腕が基準になっていました。古代エジプトの王のほか、ピラミッドをつくるときにもこの単位が使われていました。王が変わると腕の長さも変わるため、1キュービットの長さは王が変わるたびに決め直されていました。

他にも、開いた手のひらの幅は「スパン」という単位で、2スパンが1キュービットという関係でした。他にも、親指以外の4本の指の幅は「パルム」、指1本分の幅は「ディジット」、親指の幅が「インチ」とよばれていました。インチは長さはちがいますが、今でも使われています。

また、手だけでなく、足の長さも「フート（フィート）」という単位になっています。

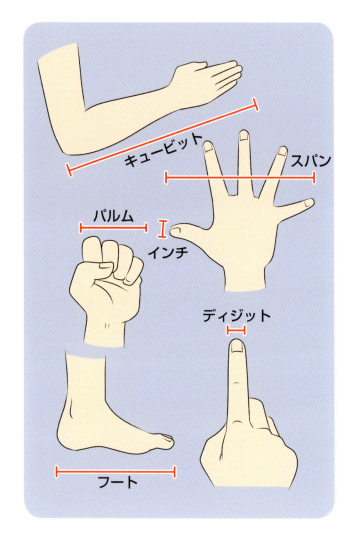

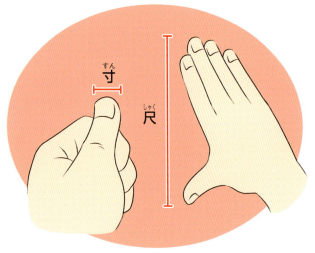

古代の中国でも、人の体をもとにした単位が使われました。手のひらを広げたときの親指から中指までの長さが「尺」、親指の幅が「寸」です。これをもとにはかる道具がつくられ、日本にも伝わりました。

いろいろな単位が生まれた

◇太陽の大きさを使った「スタディオン」

太陽がその直径と同じだけ移動するのにかかる時間は約2分。これを使った「スタディオン」という距離の単位がありました。地平線から太陽が見え始めたときに歩きだし、そこから太陽が全部見えるまでに歩いた距離を1スタディオンと決めたのです。現在の長さでは約180メートルになります。古代の競技場には1スタディオンの直線コースがつくられ、それが競技場という意味の「スタジアム」の語源になっています。

◇動物から生まれた「モルゲン」「ゴルータ」

牛の働きから生まれた「モルゲン」というおもしろい単位がありました。これは「牛1頭を使って午前中にたがやせる広さ」という単位です。「モルゲン」という言葉は、ドイツ語やオランダ語で「朝」という意味で使われています。

また、古代のインドには音を利用した「ゴルータ」という長さの単位がありました。これは「牛の鳴き声のとどく距離」で、1ゴルータは1.8から3.6キロメートルだったそうです。

◇軍隊から生まれた「パッスス」

古代ローマでは、軍隊が2歩進む長さの「パッスス」という単位がありました。1パッススは約1.48メートルです。これを1000倍した長さを「ミリアリウム・パッスス」といい、それが今もアメリカなどで使われている「マイル」の語源になったといわれています。

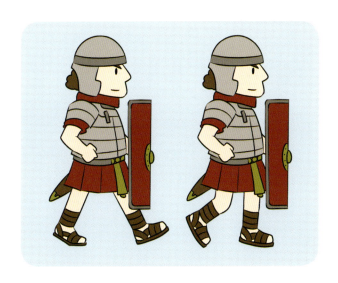

「度量衡」がつくられた

中国でも、かつては人の体を長さの基準にしていました。今からおよそ2200年前、中国を統一した秦の始皇帝は、それまで国ごとにちがっていた長さの単位の「1歩」を6尺と決め、長さをはかるものさしをつくりました。それに量をはかるます、重さをはかるおもりを合わせて、全国にくばりました。こうして全国で共通の単位をつくり、産物の交換や販売、また税のとりあつかいが正しくおこなわれるようにしたのです。このような、はかるための道具や制度のことを「度量衡」といいます。

日本でも中国をお手本として、701年に定められた「大宝律令」で度量衡が制定されました。

秦の始皇帝が定めた「統一枡」と「分銅」。

国をこえて単位を統一

長い間、それぞれの国や地域だけで通用するさまざまな単位が使われてきました。しかし、18世紀の終わりになると産業革命により工業が発達し、国と国の間で人の行き来がさかんになったことで、共通で使える単位が必要になってきました。

そこで1789年、フランスで世界共通の長さの単位に「メートル」を使う「メートル法」が考えられました。そして1875年には、メートル条約が結ばれ、世界で初めての国際単位となったのです。

日本ではそれまで尺貫法が使われていましたが、1885年（明治18年）には日本もメートル条約に加盟してメートル法を取り入れるようになりました。

さらに1960年（昭和35年）になると、全世界で共通の新しい単位系として、メートル法を基本とした「国際単位系（SI）」が定められ、国をこえて単位が統一されました。

第2章

基本の単位

長さや重さ、面積、時間などは
さまざまな場面で使われる
身近な単位です。
この章では、学校でも習う
基本の単位を見ていきましょう。

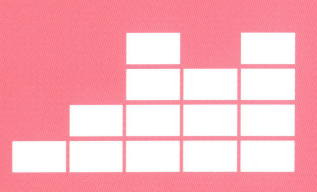

第2章 基本の単位

長さの単位

わたしは「メートル（m）」。世界中で使われている長さの単位だ。身のまわりには、ものの大きさや距離などいろいろな長さがあるね。わたしにナノやミリ、センチ、キロなどをつければ、目に見えない小さなものから、地球のようにものすごく大きなものまで、はかることができるんだ。

〈単位〉

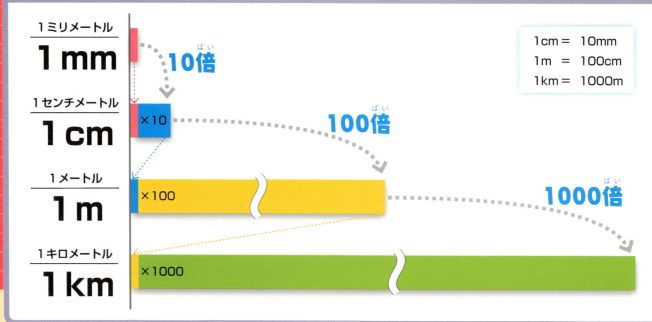

1ミリメートル **1mm**
1センチメートル **1cm** ×10　10倍
1メートル **1m** ×100　100倍
1キロメートル **1km** ×1000　1000倍

1cm = 10mm
1m = 100cm
1km = 1000m

こんなところで使われているよ **m**

製品のパッケージ
NW-15　15mm×20m
製品の大きさを表示する。

くつのサイズ
小学生の足は1年に平均約0.8cm成長する。

道路標識
稚内 316Km / 紋別 99Km / 常呂 22Km
行き先の方向と距離を案内する。

山頂標識
唐松岳頂上 二六九六m
標高（海水面からの高さ）をしめす看板。

はかる道具

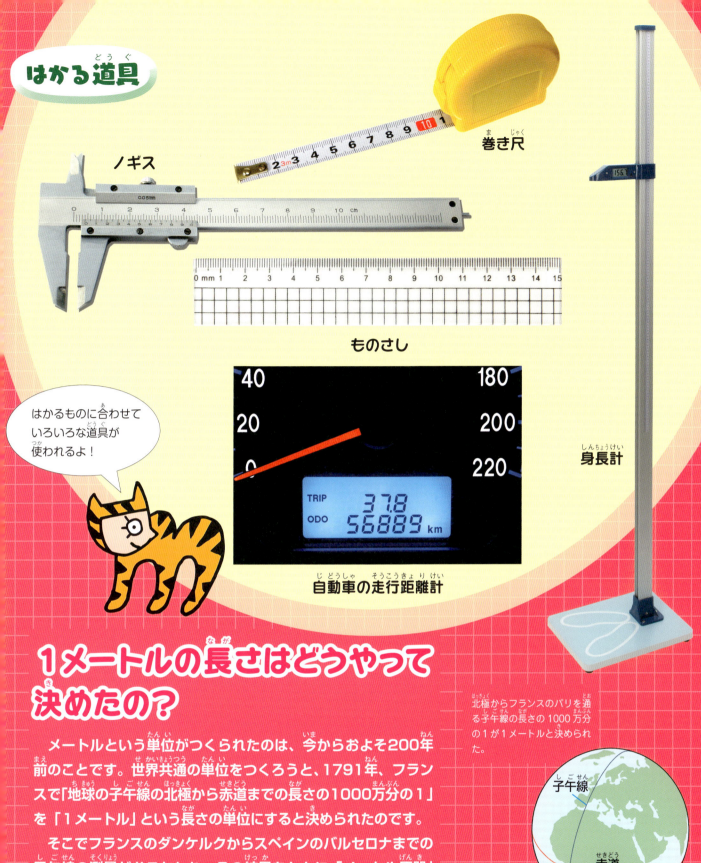

ノギス
巻き尺
ものさし
自動車の走行距離計
身長計

はかるものに合わせていろいろな道具が使われるよ！

1メートルの長さはどうやって決めたの？

メートルという単位がつくられたのは、今からおよそ200年前のことです。世界共通の単位をつくろうと、1791年、フランスで「地球の子午線の北極から赤道までの長さの1000万分の1」を「1メートル」という長さの単位にすると決められたのです。

そこでフランスのダンケルクからスペインのバルセロナまでの子午線の測量がおこなわれ、その結果をもとに「メートル原器」というものさしがつくられました。

「メートル」という名前は、ラテン語で「ものさし」または「はかる」という意味の metrum がもとになっています。

しかし、測量技術の進歩やメートル原器の変形などにより、正確な1メートルとは誤差が生じてしまうことがわかり、より正確な基準がもとめられました。いまでは1983年に決められた「光が真空中で2億9979万2458分の1秒の間に進む距離」が1メートルとなっています。

北極からフランスのパリを通る子午線の長さの1000万分の1が1メートルと決められた。

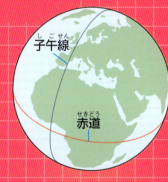

子午線
赤道

メートル原器。変形しにくいように断面が「X」の形になっている。現在は使われていない。

いろいろなものの長さ

小さなものはmmやcm、大きなものはm、長い距離にはkmを使うと便利です。いろいろなものの大きさや、距離を見てみましょう。

ミリメートル **mm**

ICカードの厚さ **1 mm**

5円玉の穴 **5 mm**

ナナホシテントウの体長 **約 8 mm**

お米のつぶの長さ **約 5 mm**

ナナホシテントウは指の先にのる大きさだね！

1ミリメートルよりも小さな単位

1ミリメートルよりも小さいものをはかるときは、メートルに100万分の1をあらわす「マイクロ」や、10億分の1をあらわす「ナノ」などをつけます。

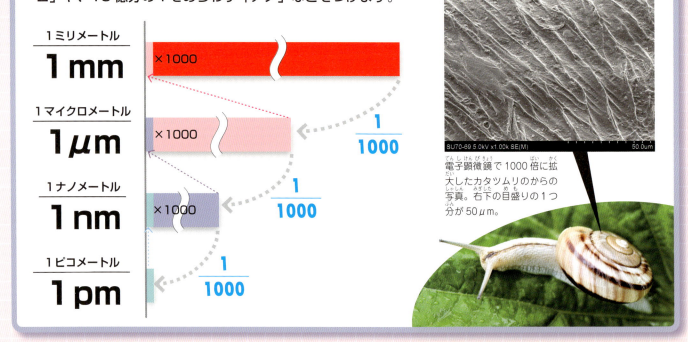

1ミリメートル **1 mm**
1マイクロメートル **1 μm**
1ナノメートル **1 nm**
1ピコメートル **1 pm**

×1000　$\frac{1}{1000}$

電子顕微鏡で1000倍に拡大したカタツムリのからの写真。右下の目盛りの1つ分が50μm。

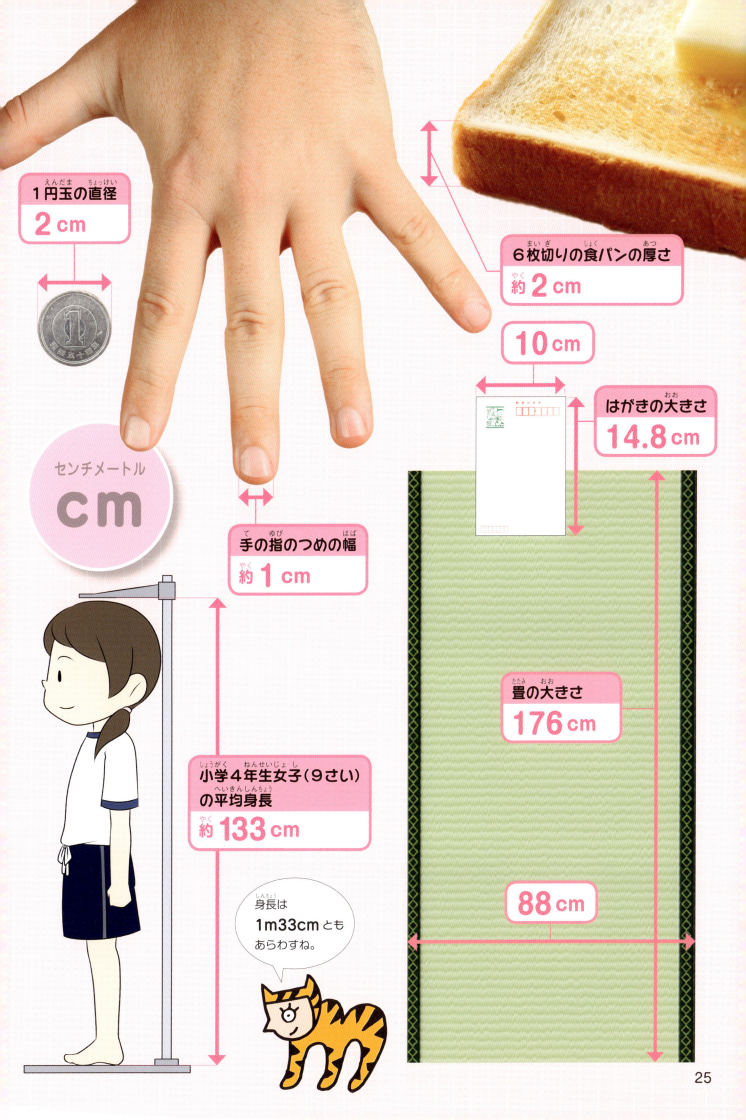

いろいろなものの長さ

長さの単位

メートル
m

身長1mの人が両手を広げた長さ
約1m

両手を広げた長さは、身長とだいたい同じといわれているよ！

小学校のプールのたての長さ
25m

ハンマー投げ男子世界記録
86.74m

東京スカイツリーの高さ
634m

東京の昔の呼び名、「むさし（634）」のゴロ合わせなのだ！

富士山の高さ
3776m

km キロメートル

子どもが約20分歩いて進める距離
1 km

マラソンで走る距離
42.195 km

地球一周の長さ
約 **40000 km**

東京から大阪までの距離
約 **400 km**

1 kmを歩くと20分かかるとして、地球から月まで休まずに歩きつづけても約15年かかるよ！

地球から月までの距離
約 **380000 km**

トリビア：月までの距離はどうやってはかる？

地球と月の間の距離をはかるのに使われるのは「光」です。1969年、アメリカの宇宙船アポロ11号が月に着陸することに成功し、世界で初めて人が月におりたちました。そのとき、光を正確に反射することができる反射器を月面に置いてきました。

地球の望遠鏡からレーザー光線を発射し、月面の反射器に反射してもどってくる時間をはかって、地球と月との距離をもとめます。この方法を「レーザー測距」といいます。

中央に見えるのが、アポロ11号が置いてきた反射器。

重さの単位

第2章 基本の単位

ぼくらは重さの基本単位「キログラム（kg）」。体重や農作物などの重さをはかるのに使われている。料理の材料など少しの量をはかるときには「グラム（g）」や「ミリグラム（mg）」が、反対に飛行機などすごく重いものをはかるときには「トン（t）」が使われるよ。

〈単位〉

1g = 1000mg
1kg = 1000g
1t = 1000kg

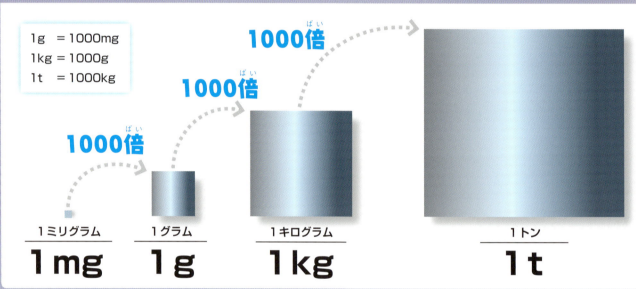

1ミリグラム **1mg** → 1000倍 → 1グラム **1g** → 1000倍 → 1キログラム **1kg** → 1000倍 → 1トン **1t**

こんなところで使われているよ **g**

食品のパッケージ
ふくまれる栄養の量がわかる。

食品のラベル
肉や加工食品などの内容量を表示している。

エレベーターの定員
エレベーターの定員は、エレベーターにつむことができる重さを65kgで割った数。

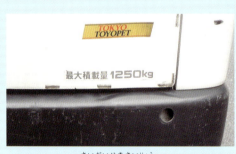
トラックの最大積載量
自動車につむことのできる荷物の重さは自動車の種類によって決められている。

米のパッケージ
米はkgの単位で売られている。

はかる道具

上皿ばかり

上皿天びん

分銅

電子はかり

ばねばかり

体重計

台はかり

1キログラムの重さはどうやって決めたの？

　最初に重さの基準として選ばれたのは水でした。1リットルの水と同じ重さの分銅をつくり、これを1キログラムと決めたのです。しかし、1889年、この基準をやめて、キログラム原器がつくられ世界共通の基準になりました。

　それ以来、約130年使われてきたキログラム原器も、ついに2019年に見直されることになりました。新しい基準は量子力学で使われる「プランク定数」から1キログラムを計算でもとめる方法で、これまでよりさらに正確な単位になると考えられています。

1889年に日本におくられたキログラム原器の複製。白金とイリジウムの合金製で、二重のガラス容器で守られている。

いろいろなものの重さ

1円玉はちょうど1g、ニワトリの卵はだいたい60g、1Lの牛乳パックは約1kgとおぼえておくと便利です。ほかにもいろいろなものの重さを見ていきましょう。

ミリグラム **mg**

グラム **g**

米1つぶ 約 **20 mg**

1円玉 **1 g**

りんご 約 **300 g**

ニワトリの卵 約 **60 g**

スズメ 約 **24 g**

🟥 トン（t）とメガグラム（Mg）

キログラムよりも大きな重さで使われる「トン」は、キロの1000倍の単位です。それと同じ重さをあらわす単位として、国際単位系（SI）ではグラムに100万倍を意味する接頭語メガ（M）をつけた「メガグラム（Mg）」という単位が定められています。しかし、「トン」は農作物や船の大きさなどをあらわすのに長い間使われてきたため、今でも一般的にはトンのほうが広く使われています。

トンという名前のもとになったのは、フランスで使われていたワインのたるです。このたるに入る水の重さを1トンとしていたのです。トンという単位にはこれとは別にイギリスの「ロングトン」やアメリカの「ショートトン」という種類がありますが、メートル法ができたときに、それに合わせて「メートルトン」という単位がつくられ、それが現在も1トン＝1000キログラムの単位として使われています。

「トン」という名前の由来は、ワインのたるをたたいた音だといわれている。

キログラム kg

ダチョウの卵
約 1.5 kg

1L入りの牛乳パック
約 1 kg

ダチョウの卵はニワトリの卵の約25個分！

2Lの水のペットボトル
約 2 kg

生まれたばかりのあかちゃん
約 3000 g

小学5年生（10さい）の平均体重
34 kg

教科書が入ったランドセル
約 5 kg

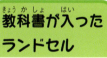

キミが生まれたときの体重はどのくらいだったかな？

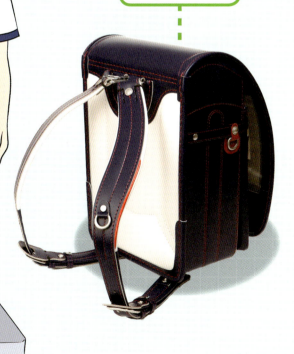

重さの単位

いろいろなものの重さ

キログラム kg

日本人1人あたりの1年間の米消費量
約 **54** kg

力士
約 **150** kg

馬（競走馬）
約 **450** kg

トリビア　空気にも重さはある？

わたしたちのまわりにいつもある空気。空気は透明なのでふだんは空気があることを感じませんが、じつはきちんと重さがあります。1リットルの空気の重さは約1.2グラム。1円玉1枚が1グラムですから、とても軽いように思えますね。

地球には高さ数十キロメートルまで空気がつみかさなっているので、わたしたちの頭の上には約200キログラムの空気がのっていることになります。それでもそれを感じないのは、わたしたちの体の内側からも、同じ力でおし返しているからです。

わたしたちの頭の上には、力士よりも重い空気がのっている！

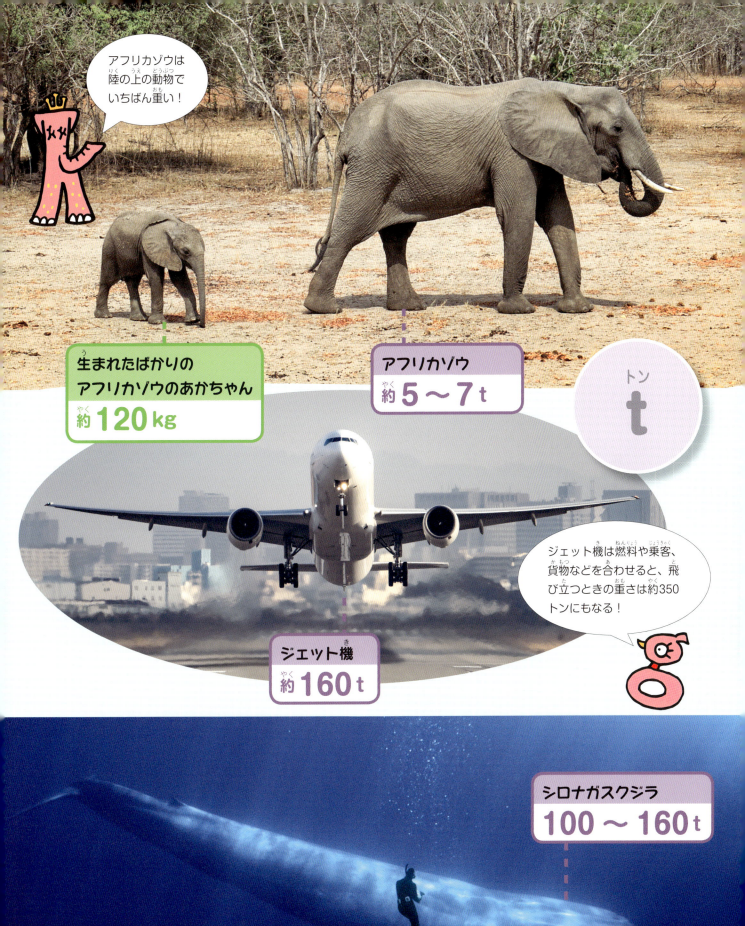

面積の単位

第2章 基本の単位

ぼくは「平方メートル（m²）」。面積の単位だよ。ものの面の大きさや土地の広さをくらべるときに役立つんだ。mに小さな2がついているのは、長さと大きな関係があるからだよ。

〈単位〉

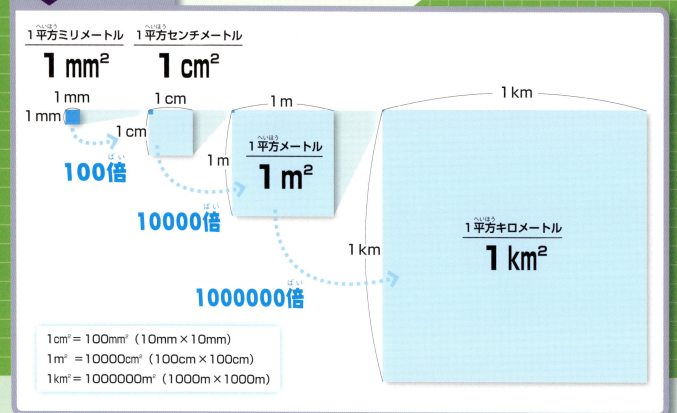

1cm² = 100mm²（10mm×10mm）
1m² = 10000cm²（100cm×100cm）
1km² = 1000000m²（1000m×1000m）

こんなところで使われているよ m²

ペンキの缶
1缶でぬることのできる面積が書いてある。

住宅のチラシ
1戸の面積が書いてある。

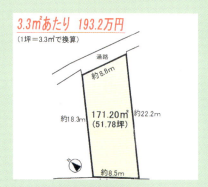

売り土地の面積
土地の面積を m² と坪であらわしている。
1坪は3.3m²。

「m²」や「km²」についている小さな2って何?

面積の単位を見ると、よく知っている長さの単位の右上に、小さな2がついてできていることに気がつきます。これはいったいどういう意味でしょうか?

たとえば、たてが3メートル、横が5メートルの長方形の面積をもとめてみましょう。

3m × 5m = 15m²

このように、面積をもとめるには、たての長さと横の長さをかけ合わせます。このとき単位に注目すると、

「m」×「m」=「m²」

つまり、小さな2は、「mを2回かけている」と考えると理解しやすいですね。

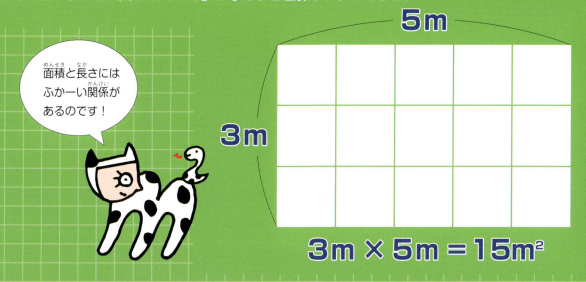

3m × 5m = 15m²

面積と長さにはふかーい関係があるのです!

m²とkm²をつなぐ単位

一辺が1メートルの正方形の面積は1平方メートルですが、一辺が1キロメートルの正方形の面積は1平方キロメートルです。その間には100万倍の開きがあります。差が大きすぎて、使うにはちょっと不便ですね。

この間をうめてくれるのが、「アール(a)」と「ヘクタール(ha)」です。

1a = 10m × 10m   = 100m²
1ha = 100m × 100m = 10000m²

という関係になっています。「アール」はラテン語で空き地という意味の「area」がもとになっています。それに100倍の意味の「ヘクト」をつけたのが「ヘクタール」です。

アールとヘクタールは国際単位系(SI)の単位ではありませんが、土地などの面積をあらわすときに使われています。

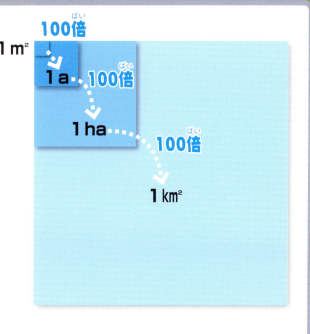

1km² = 100ha
     = 10000a
     = 1000000m²

いろいろな面積

「この公園は東京ドームの3つ分の広さがある」というように、だいたいの面積を知っていると、広さをくらべるのに便利です。さまざまな面積を見てみましょう。

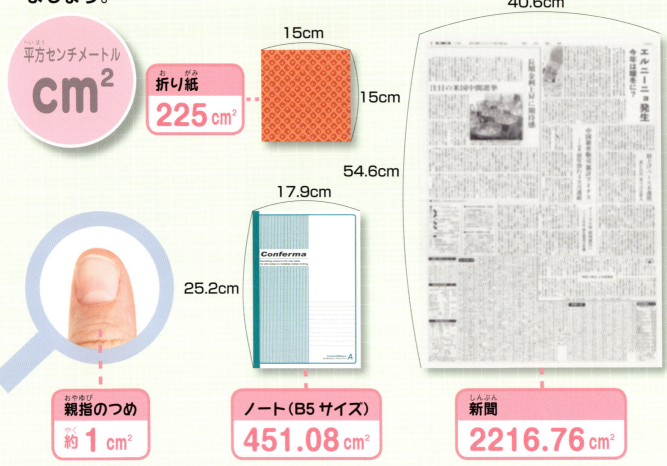

平方センチメートル cm²

折り紙 15cm × 15cm **225 cm²**

親指のつめ 約 **1 cm²**

ノート（B5サイズ） 17.9cm × 25.2cm **451.08 cm²**

新聞 40.6cm × 54.6cm **2216.76 cm²**

家や土地の広さをあらわす単位「坪」「間」「畳」

家屋には昔から「坪」や「間」「畳」という単位がよく使われています。1坪は畳2枚分とほぼ同じ面積で、住宅や敷地の広さに使われます。

部屋の広さでは畳何枚分、という意味で「畳」が使われます。畳を2枚ならべて置くと、たて横がそれぞれ約1.8メートルの正方形になります。

畳の置き方には決まりがあり、和室では4畳半、6畳、8畳、10畳、12畳などが一般的です。

畳のたての長さが「1間」です。これは古くから日本の建築で使われてきた長さの単位で、ふすまやおしいれの大きさなどもこれに合わせてつくられています。

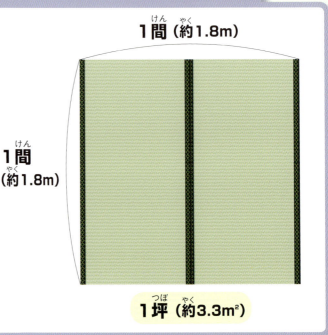

1間（約1.8m） × 1間（約1.8m） = 1坪（約3.3m²）

平方メートル
m²

6畳の部屋
9.72 m²

3.6m
2.7m

4.55m

相撲の土俵
約 16.25 m²

小学校の教室
63 m²

東京ドーム
46755 m²

サッカーコート
約 7140 m²

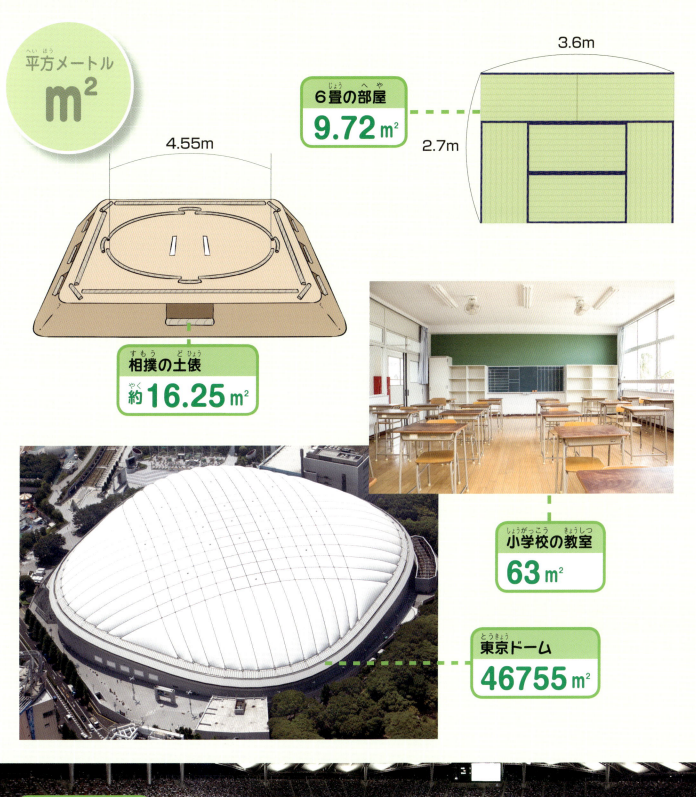

面積の単位

いろいろな面積

平方キロメートル
km²

静岡県
約 **7777** km²

琵琶湖（日本最大の湖）
約 **670** km²

日本
約 **378000** km²

カスピ海（世界最大の湖）
約 **371000** km²

ロシア（世界一広い国）
約 **17100000** km²

ロシアの広さは日本のおよそ45倍！

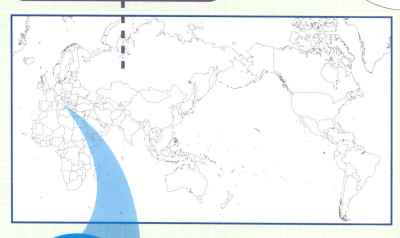

バチカン（世界一小さい国）
0.44 km²

地球の表面積
510100000 km²

面積の計算をおさらいしよう！

面積の計算や単位の換算をおぼえよう。

ポイント 一辺の長さが2倍になると面積は4倍に！

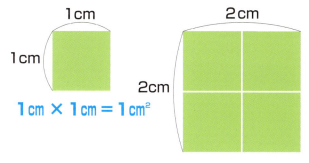

一辺の長さが1センチメートルの正方形の面積は1平方センチメートルです。しかし、一辺が2センチメートルの正方形の面積は2平方センチメートルにはなりません。かける前の数字がそれぞれ2倍になるので、面積は4倍になるのです。

ポイント 一辺の長さが10倍になると面積は100倍に！

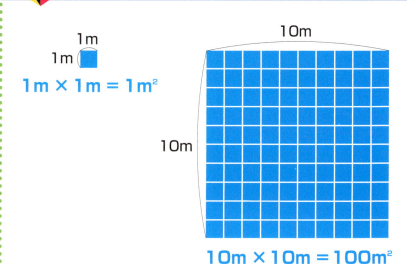

一辺の長さが10倍になると、かける前の数字がそれぞれ10倍になるので、面積は100倍になります。

辺の長さと面積の関係がわかったかな？

ポイント 単位の換算をチェック！

mm^2、cm^2、m^2、a、ha、km^2の関係を表で見てみましょう。

面積の単位	平方ミリメートル mm^2	平方センチメートル cm^2	平方メートル m^2	アール a	ヘクタール ha	平方キロメートル km^2
$1m^2$を1としたときの面積	$\frac{1}{1000000}$	$\frac{1}{10000}$	1	100	10000	1000000

たとえば$1m^2$をcm^2にかえるには…

$1m^2$は$1m × 1m$

1mは100cmなので、

$100 × 100 = 10000$だから、

$1m^2 = 10000cm^2$

長さの単位を面積の単位にそろえてから面積を計算しなおせばいいんだ！

第2章 基本の単位

体積とかさの単位

ぼくは「立方メートル（m³）」。体積の単位だよ。積み木みたいな立体は、たて、横、高さをはかれば体積がわかるね。水などの液体は、容器に入れてはかることができるよ。液体の体積に使われる「リットル」も、体積の単位の仲間だよ。

〈単位〉

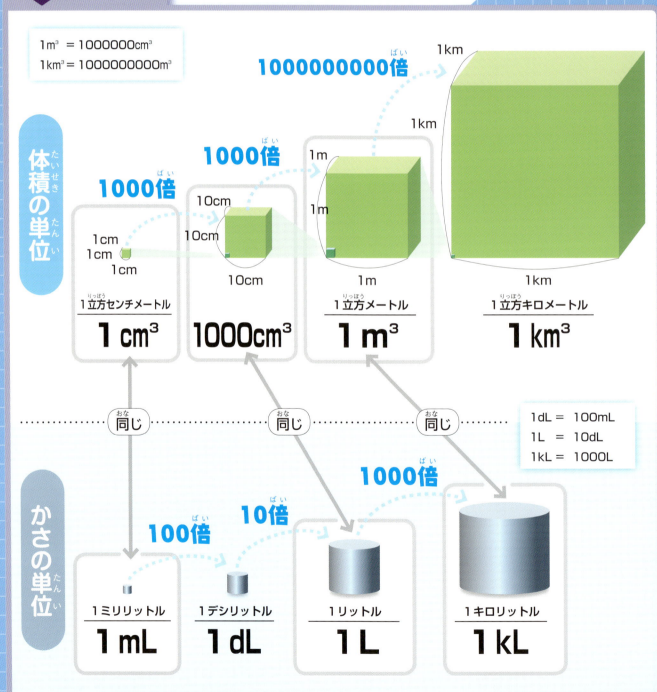

こんなところで m^3 使われているよ

ガスメーター
使ったガスの量(m^3)がメーターに表示される。

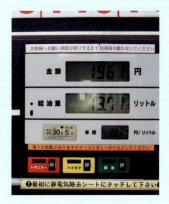

ガソリンスタンド
自動車に入れたガソリンの量(L)がメーターに表示される。

ジュースの容器
ジュースなどの飲み物の内容量(mL)が表記されている。

冷蔵庫
冷蔵庫の大きさは、中にどれだけのものが入るか(L)であらわす。

はかる道具

理科実験器具
実験に使う液体の量をはかる。

ビーカー　**駒込ピペット**　**メスシリンダー**

料理ではccのほうがよく使われているね！

レーザー測量計
レーザー光線をかべなどにあてて、部屋の体積をはかる。

水道メーター
使った水の体積が表示される。

cc

料理に使う大さじや小さじ、計量カップはcc（シーシー）の単位が使われています。1ccは「Cubic Centimeter」の略で、「1cm×1cm×1cm」の立方体の体積、つまり1立方センチメートルや1ミリリットルと同じ体積になります。

 1cc = 1mL = $1cm^3$

 小さじ1 = 5cc

 大さじ1 = 15cc

 計量カップ = 200cc

※「cc」という単位はいくつかの理由から、国際的に使用がみとめられていません。日本でも、商取引などでは使うことができないとされています。

いろいろなものの体積やかさ

体積とかさの単位

ペットボトルや牛乳パックなどの身近な容器には、どのくらいの液体が入るか見てみましょう。
　手に持てるほどのものから、巨大なものまで、体積の単位はどう使いわけられるでしょうか。

リットル
L

目薬の容器
約 **15** mL

コップ
約 **200** mL

牛乳パック
1000 mL

2 L

500 mL

ペットボトル

おふろの浴そう
200〜300 L

タンクローリーの容量
12〜20 kL

「デシリットル」は見つからないね。

立方メートル **m³**

さいころ
1 cm³ (1 mL)

テイッシュペーパーの箱
約 **2000 cm³ (2 L)**

おしいれ
約 **3 m³ (3 kL)**

学校のプール
320 m³ (320 kL)

ガスホルダー
2000 m³ (2000 kL)

富士山
約 **550 km³**

トリビア デシリットルはどこへ？

小学校の算数では、「デシリットル」の単位が出てきますね。ところが実際のくらしではほとんど見かけません。ペットボトルも、大きなサイズは「2L」ですが、小さいサイズは「5dL」ではなく、「500mL」と表記されています。しかし、デシリットルを習うのにはちゃんとわけがあります。

デシリットルの「デシ」は、「$\frac{1}{10}$」という意味の接頭語です。もとになる「リットル」に大きさをあらわす接頭語を組み合わせてみると、10倍、100倍、1000倍、$\frac{1}{10}$、$\frac{1}{100}$、$\frac{1}{1000}$ と、すっきりとならびます。「ヘクトリットル」や「デカリットル」は実際には使われていませんが、「センチリットル」はヨーロッパでは実際に使われています。

接頭語	ミリ m	センチ c	デシ d		デカ da	ヘクト h	キロ k
体積の単位	ミリリットル mL	センチリットル cL	デシリットル dL	リットル L	デカリットル (daL)	ヘクトリットル (hL)	キロリットル kL
意味	$\frac{1}{1000}$	$\frac{1}{100}$	$\frac{1}{10}$	1	10倍	100倍	1000倍

体積とかさの計算をおさらいしよう！

体積とかさの計算や単位の換算をおぼえよう。

ポイント 一辺の長さが2倍になると体積は8倍に！

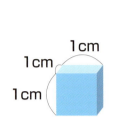
$1cm×1cm×1cm＝1cm^3$

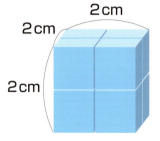
$2cm×2cm×2cm＝8cm^3$

39ページでやった面積の計算を思い出しましょう。面積では、一辺の長さが2倍になると面積は4倍になる決まりでしたね。体積をもとめるには一辺の長さを3回かけるので、体積は8倍になるのです。

ポイント 一辺の長さが10倍になると体積は1000倍に！

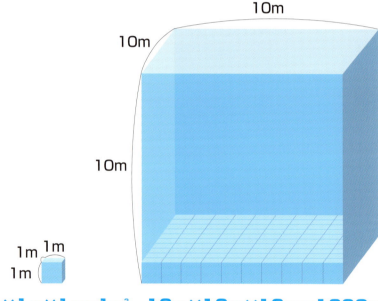

$1m×1m×1m＝1m^3$ $10m×10m×10m＝1000m^3$

一辺の長さが10倍になると、かける前のたて、横、高さがそれぞれ10倍になるので、体積は1000倍になるのです。

ポイント 単位の換算をチェック！

体積とかさの関係をまとめると、次のようになります。

$1mL = 1cm^3$

$1dL = 100mL = 100cm^3$

$1L = 10dL = 1000mL = 1000cm^3$

$1kL = 1000L = 10000dL = 1m^3 = 1000000cm^3$

6Lのますで1Lから6Lまではかれる?

問題

目盛りのついていない四角いますがあります。容積はちょうど6リットルです。このますを使って、水を1Lから6Lまではかることができるでしょうか?

答え

3Lをはかる……

まずはますに水をいっぱいに入れます。そして、下の図のようにますをかたむけると、中の水はちょうど半分になります。3Lは6Lの半分なので、これで3Lがはかれます。

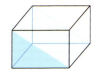 直方体をななめに切ってできる三角柱の体積はもとの直方体の$\frac{1}{2}$になります。

液体はこの形にはできない。

1Lをはかる……

今度は下のようにますをかたむけましょう。これで1Lがはかれます。

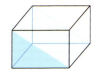 このようにかたむけると、水の形が三角すいになります。この三角すいの底面積と高さは、3Lをはかったときにできた三角柱と同じです。この三角すいの体積は、もとの三角柱の$\frac{1}{3}$になります。

2Lをはかる……

まずさきにやったように3Lをはかります。それから1Lが残るようにますをかたむけ、こぼれた水を別の容器にうけます。すると、その容器には2Lの水がたまります。

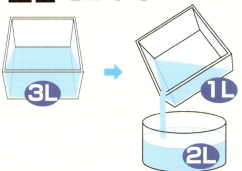

4Lと5Lは、1L、2L、3Lを組み合わせてはかれるね。

第2章 基本の単位

時間の単位

ぼくは「秒（s）」。古代の人びとは、太陽の動きから1日や1年を、そして月の満ち欠けから1月をみちびき出してきたよ。そして1日をもっと細かく分ける「時間、分、秒」という単位をつくったんだ。

〈単位〉

| 1秒(s) | 1分(min) | 1時間(h) | 1日 |

60秒(s) = 1分(min)　　60分(min) = 1時間(h)　　24時間(h) = 1日

1月 = 28〜31日　　1年 = 12か月

こんなところで時間が使われているよ

時計
壁かけ時計や置き時計、腕時計などがある。

ストップウォッチ
スポーツなどでタイムをはかる。

カレンダー
カレンダーを見れば今が1年のうちのいつなのかわかる。

時刻表
時刻表を見ればバスや電車などの発車時刻がわかる。

いろいろな時間

秒

まばたきにかかる時間
0.1〜0.5秒

男子100メートル競走の世界記録
9.58秒

分

カップラーメンができる時間
3分

時間

1日の睡眠時間
約8〜10時間

月

あかちゃんがお母さんのおなかにいる時間
約9か月

年

ハムスターの寿命
約2〜3年

ソウガメの寿命
100年以上

地球が誕生してから
およそ46億年

1秒をより正確に！

「1秒」は長い間、地球や太陽のうごきをもとに決められていました。しかし地球や太陽の動きは一定ではないため、より正確な「1秒」をもとめて1967年、1秒の定義に使われるものはセシウムという物質の原子を使う「原子時計」に変わりました。原子時計は数千万年に1秒しかくるいがないといわれています。そして今、より正確な「光格子時計」が新しい定義の候補になっています。光を利用したこの時計は、160億年に1秒の誤差というおどろくべき精度があります。

速さの単位

第2章 基本の単位

わたしたちは「秒速（m/s）」。速さをあらわす単位だ。速さは、ある時間あたりにどのくらいの道のりを進むかであらわす。だから速さの単位は、長さの単位「m、km」と時間の単位「h、min、s」を組み合わせてつくられているよ。

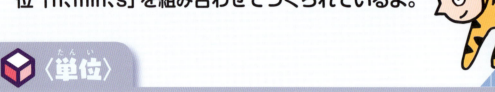

〈単位〉

速さは単位あたりの進む道のりであらわします。

1時間　**時速（m/h、km/h）** ＝ 1時間あたりに進む道のりであらわす速さ

1分　**分速（m/min、km/min）** ＝ 1分あたりに進む道のりであらわす速さ

1秒　**秒速（m/s、km/s）** ＝ 1秒あたりに進む道のりであらわす速さ

速さ＝道のり（距離）÷時間

こんなところで使われているよ　km/h

自動車のメーター
走っているときの速さが表示される。

道路標識
「40」の標識は、「この道では時速40km以上出してはいけない」という意味。

ゆっくりなもの くらべ

タツノオトシゴ
0.4 mm/s

人間の歩く速度3km/hを秒速に換算すると83cm/sになるよ！

カタツムリ
0.15 mm/s

いろいろな速さくらべ

人間（子どもの徒歩で）
3 km/h

ジェットコースター
110〜180 km/h

ダチョウ
70 km/h

チーター
100 km/h

プロ野球選手の球速
150 km/h

新幹線はやぶさ
320 km/h

ジェット機
900 km/h

トリビア　音と光はどちらが速い？

　音は秒速約340メートルで空気をつたわります。それに対して光は秒速約30万キロメートルですから、くらべものにならない速さです。光の速さで地球をまわると、1秒で7周半もできてしまうのです。

　かみなりがピカッと光って、しばらくしてからドーンという音が聞こえることがありますね。かみなりが落ちると音と光は同時に出ますが、音は光にくらべてずっとおそいので、はなれた場所におくれて届くのです。音が1キロメートル進むのにおよそ3秒間かかるので、光ってから音が聞こえるまでの秒数をかぞえて3倍すれば、かみなりが何キロメートルくらいはなれているかがわかります。

約900000倍

音の速さ＝約340m/s

光の速さ＝約300000km/s

第2章 基本の単位

温度の単位

わたしたちは「セ氏温度（℃）」。温度をはかる単位。気温や体温、おふろのお湯の温度など、毎日のくらしの中で使われているね。今の室温は何度くらいだろう？

〈単位〉

セ氏温度・度シー（℃）

セ氏温度は、1気圧の状態で水が氷になる温度を0℃、水が沸騰する温度を100℃とし、その間を100等分したものです。0℃より低いときは「マイナス（ー）〇℃」や「氷点下〇℃」といいます。日常生活では、単に「度」ということがあります。

『セ氏』って何？

セ氏温度は、「セルシウス度」ともいい、この単位を考案したスウェーデンの科学者の名前アンデルス・セルシウスが由来です。単位記号に使われている「C」も「Celsius」の頭文字をとったものです。

アンデルス・セルシウス

こんなところで℃使われているよ

気温

エアコンの設定
室温は夏は28℃、冬は20℃が心地よくすごせるといわれている。

オーブンの温度
食パンを焼くときの温度は約200℃。

おふろの温度
おふろのお湯の温度は40℃前後。

はかる道具

体温計

棒温度計

料理用温度計

寒暖計

いろいろな温度

身のまわりの温度から、宇宙の温度までさまざまな温度をくらべてみましょう。

▲太陽

- 約6000℃　太陽の表面
- 1536℃　鉄の融点（とける温度）

▲とけた鉄

- 470℃　金星の表面

◀金星

- 100℃　水の沸点（沸騰する温度）

水の沸騰▶

- 56.7℃　世界最高気温（アメリカ）
- 41.1℃　日本最高気温（埼玉県）
- 36℃　人間の体温
- 0℃　水の凝固点（氷になる温度）

▲氷

- －41.0℃　日本最低気温（北海道）
- －78.5℃　ドライアイス
- －89.2℃　世界最低気温（南極大陸）

▲ドライアイス

- －273.15℃　最も冷たい温度

ケルビン（K）

ケルビンは温度の基本単位でイギリスの物理学者ケルビン卿こと、ウィリアム・トムソンによって考案されました。これ以上低くはならないとされる温度を「0ケルビン」として、1ケルビンごとの温度差をセ氏温度と同じ間隔であらわします。

「絶対零度」ともよばれる0ケルビンは、セ氏温度の－273.15度なので、0度は273.15ケルビンになります。

また、ケルビンは温度以外にも色を数値であらわすときに使われます。色温度が高い光ほど青く、低いほど赤くなります。

▲くもり空：7000K　▲夕焼け：2500K

第2章 基本の単位

角度の単位

ぼくは「度（°）」。角度の単位だよ。温度の単位とにているけどまちがえないでね。1度よりも小さい角度には「分」や「秒」も使うところは時間の単位ともにているんだ。算数ではおなじみだけど、くらしの中で見かけることはあるかな？

```
1周 = 360度
1度 =  60分
1分 =  60秒
```

〈単位〉

1度（°）

円周を360等分した中心の角度が1度です。1度よりも小さな角度には「分」や「秒」を使います。1度は60分、1分は60秒です。それぞれ10ではないことに注意しましょう。

$$\frac{円周}{360} = 1° \text{（中心角度）}$$

直角は90度。身のまわりには直角がたくさんあるね。ニンゲンは直角が大好きなのだ！

はかる道具

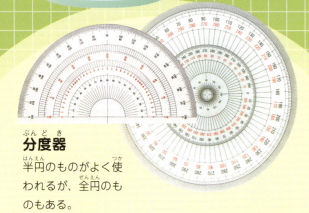

分度器
半円のものがよく使われるが、全円のものもある。

水準器
地面に対する角度をしらべる器具。液体の中の気泡の位置でかたむきがわかる。

〈坂道をはかる単位〉

こう配（％）

坂などのかたむきの度合いを「こう配」といいます。高さを水平距離でわった割合を「パーセント（％）」であらわします。

たとえば、100メートル進んで高さが3メートル上がる坂は、

$$3 ÷ 100 = 0.03$$

百分率では3％とあらわします。一般的な道路ではありえませんが、100メートル進んで100メートル上る坂のこう配は「100％」です。

$$こう配(\%) = (高さ ÷ 距離) \times 100$$

← 水平距離 →
↑高さ↓

いろいろな角度

身のまわりの角度から、宇宙の角度までさまざまな角度をくらべてみましょう。

度

8等分にしたピザの1きれ
45°

スキーのジャンプ台（ラージヒル）
35°

ピサの斜塔（イタリア）のかたむき
3.99°

ギザの大ピラミッド（エジプト）
51～53°

トリビア 地球上の位置をしめす

地球上の地点をあらわすときにも、角度の単位を使って緯度と経度をあらわします。

緯度は、赤道を0度、北極と南極までそれぞれ90度であらわします。赤道の北側を「北緯○度」、南側を「南緯○度」といいます。

経度は、イギリスのグリニッジ天文台跡を通る子午線を0度として、東西にそれぞれ180度であらわします。東回りを「東経○度」、西回りを「西経○度」といいます。

地図や地球儀にあるたての線が経線、横の線が緯線です。

富士山山頂は
緯度 35° 21′ 38″
経度 138° 43′ 38″

卵をぴったり9分ゆでるには？

問題

7分はかれる　5分はかれる

卵をぴったり9分ゆでて、ゆで卵を作ります。でも、使えるのは7分と5分がはかれる2つの砂時計しかありません。どうしたらこの2つの砂時計で9分をはかれるでしょうか？

答え

1 2つの砂時計を同時にひっくり返す。

2 5分の砂時計の砂が全部落ちたら、卵をゆで始める。

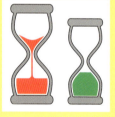

ゆで始める

3 7分の砂時計の砂が全部落ちたら、もう一度ひっくり返す。

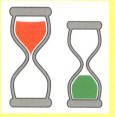

2分経過

4 7分の砂時計の砂が全部落ちたら、卵を取り出す。

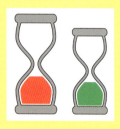

9分 取り出す

9という数を7と5からどうやって作るかがポイントだよ。

第3章
知っていると便利な単位

天気予報やコンピューター、電気など身のまわりにはまだまだたくさんの単位があります。この章では、生活の中で目にする単位を見ていきましょう。

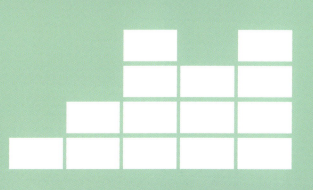

音の単位

第3章 知っていると便利な単位

わたしたちは「デシベル（dB）」。音の大きさをはかる単位だよ。音は、空気や水などをふるわせて波のように伝わっていくよ。その波の高さによって、音の大きさが決まるんだ。音の高さは「ヘルツ（Hz）」という単位であらわすよ。

〈単位〉

デシベル（dB）

音の大きさ（音圧）をあらわす単位。音の波が高いほど音は大きくなります。人間の耳で感じとることができる最も小さな音を0デシベルとして、20デシベルごとに音の大きさは10倍になります。

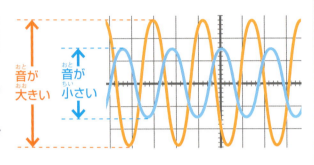

音が大きい／音が小さい

いろいろな音の大きさ dB

- 120dB
- 100dB ジェット機のエンジン
- パトカーのサイレン
- 犬の鳴き声
- 80dB セミの鳴き声
- 普通の会話
- 60dB
- 40dB 静かな公園
- ささやき声
- 20dB 木の葉がこすれる音
- 0dB 人間の耳にかろうじて聞こえる音

20デシベルで音は10倍！

デシベルは、音の大きさそのものを測定する値ではなく、大きさのちがいを比であらわす単位です。人の耳で感じる大きさを10倍ごとに20デシベルの差であらわす仕組みになっています。

そのために、80デシベルでほえる犬が2ひき同時にほえた場合、80足す80で160デシベルになるのではなく、およそ83デシベルになります。

〈単位〉

ヘルツ（Hz）

ヘルツは音の高さをあらわす単位です。音の波の山と谷が、1秒間に1回往復するのが1ヘルツです。この回数を周波数といいます。周波数が大きい（波の数が多い）ほど音は高くなります。

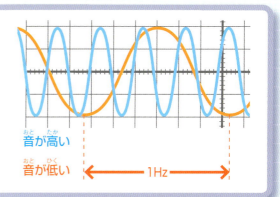
音が高い
音が低い ←1Hz→

いろいろな音の高さ Hz

低い   高い

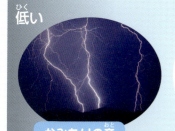
かみなりの音
30～100Hz

人間の話し声
100～1000Hz

うぐいすのさえずり
1000～2000Hz

イルカが発する音
7000～12万Hz

ソウが出せる音
5～60Hz

ピアノ
27.5～4186Hz

スズムシの鳴き声
4000～4500Hz

コウモリが発する音
1万～12万Hz

動物の中には、人間には聞こえない高い音を出したり聞いたりできるものがいる！

トリビア　音楽で使う「オクターブ」

音楽では音の高さをド・レ・ミ・ファ・ソ・ラ・シの音階であらわし、ある「ド」から次の「ド」までが1オクターブの差になります。1オクターブをヘルツにおきかえると、ちょうど2倍にあたります。

ちなみに、NHKの時報は、440ヘルツの「ラ」を3回ならしたあと、880ヘルツの「ラ」を1回ならしています。

ドレミファソラシドレミファソラシドレミ
440Hz → 880Hz
周波数は2倍

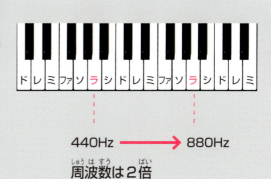

第3章 知っていると便利な単位

明るさの単位

ぼくらは「カンデラ（cd）」。明るさをあらわす単位だよ。あかりはとても身近なものだから、いろいろなところで活躍しているよ。明るさの単位には、ほかにも「ルーメン（lm）」や「ルクス（lx）」があるけど、どうちがうのかな？

〈単位〉

カンデラ（cd） 光源からある方向への光の強さ（光度）をあらわす単位。ライトなどの照明器具に使われます。1カンデラはろうそく1本分の明るさです。 ※「光源」…太陽やライトなど、光を放つ物体。

いろいろな光源の光度

cd

1本のろうそく
約 1 cd

自動車のヘッドライト（1つにつき）
15000 cd 以上

太陽
約 3×10^{27} cd

〈単位〉

ルーメン（lm） 光源から出る光の量（光束）をあらわす単位。光源からさまざまな角度にむかって出る光をすべて合わせた量です。

lm

6畳の部屋に合うLEDシーリングライト
2700〜3700 lm

白熱電球の明るさには、消費する電力の「ワット（W）」という単位が使われていたよ。

〈単位〉

ルクス（lx）

光があたっている場所の明るさ（照度）をあらわす単位。光源からはなれるほど、照度は低くなります。施設によっては、必要な照度の基準が決められていることがあります。

いろいろな場所の明るさ

ルクス
lx

月あかり
0.5〜1 lx

街灯の下
50〜100 lx

スーパーの店内
750〜1000 lx

ナイターの野球場
3000 lx

晴れた日の昼間
100000 lx

カンデラ、ルーメン、ルクスはどうちがう？

カンデラ、ルーメン、ルクスのちがいをもう一度おさらいしてみましょう。

懐中電灯があります。中の電球の明るさは、電球がいろいろな方向に出す光の量を全部合わせた量として「ルーメン」ではかります。懐中電灯は光を決まった方向に放ちます。このときの明るさは、光の強さとして「カンデラ」ではかります。懐中電灯にてらされたかべの明るさは、「ルクス」ではかります。

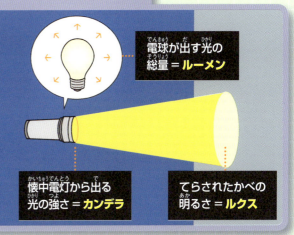

電球が出す光の総量 ＝ ルーメン

懐中電灯から出る光の強さ ＝ カンデラ

てらされたかべの明るさ ＝ ルクス

第3章 知っていると便利な単位

電気の単位

わたしは「アンペア（A）」。電気の単位だよ。電気は発電所でつくられ、電線などを通って各家庭に送られるよ。そして、テレビや冷蔵庫などの電気製品を動かすんだ。電気は現代の生活にかかせないものだね。電気の単位には他にも「ボルト（V）」や「ワット（W）」があるよ。

〈単位〉

ボルト(V) 電圧（電気をおしだす力）の単位。電圧が高いほど一度にたくさんの電気を流すことができます。

身のまわりの電圧

ボルト V

円筒形の乾電池
1.5 V

かみなり
200万〜2億 V

家庭のコンセント
100 V

デンキウナギがおこす電気
500〜800 V

〈単位〉

アンペア（A）

電流（電気が流れる量）の単位。電気製品の種類によって必要とするアンペア数はことなります。また、家庭で使うことのできるアンペア数は電力会社との契約で決まっており、契約アンペア数が大きいほど、一度にたくさんの電化製品を使うことができます。

いろいろな電気製品のアンペア数

- 掃除機（強） 10A
- 扇風機 1A
- ドライヤー 12A
- 電子レンジ 15A

〈単位〉

ワット（W）

電力、つまり電気製品が動いたりするときに使われる電気の大きさをあらわす単位。電力は、

電力（W）＝電流（A）×電圧（V）

の式でもとめることができます。また、電気の使用量は、1時間あたりの使用量をあらわす「ワット時（Wh）」であらわします。

いろいろな電気製品のワット数

- エアコン 600W
- 洗濯機 200W
- ノートパソコン 20W
- 冷蔵庫 250W

トリビア　電気の単位のもとになった人物

「ボルト」「アンペア」「ワット」は、いずれも人物の名前が由来です。

ボルト V
アレッサンドロ・ボルタ
イタリアの物理学者。1800年、2種類の金属と食塩水の化学反応を利用した世界初の電池「ボルタ電池」を発明した。

アンペア A
アンドレ・マリー・アンペール
フランスの物理学者。1820年、電流とそのまわりにできる磁場との関係をあらわす「アンペールの法則（右ねじの法則）」を発見した。

ワット W
ジェームズ・ワット
イギリスの技術者で発明家。1760年代にそれまでの蒸気機関に改良をくわえて、産業革命の進展に大きく貢献した。

※電気製品のアンペア数やワット数は製品によってことなります。

第3章 知っていると便利な単位

電波の単位

わたしたちは「ヘルツ（Hz）」。音の単位でも会ったね。じつは電波も波なんだ。だから周波数をあらわす単位が使われるんだよ。電波を使えば音や映像を一瞬で送ることができるから、テレビや携帯電話、無線などさまざまなところで利用されているよ。

〈単位〉

キロヘルツ（kHz）

メガヘルツ（MHz）

ギガヘルツ（GHz）

1kHz=1000Hz
1MHz=100万Hz
1GHz=10億Hz

電気や磁気のはたらきで生まれる波を電磁波といいます。1秒間の波長の数をヘルツ（Hz）であらわします。電磁波のうち、3キロヘルツから300ギガヘルツまでの周波数のものを電波とよびます。

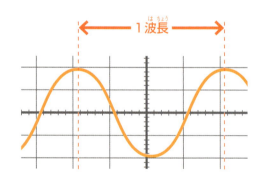
1波長

こんなところでHzが使われているよ

テレビ

カーナビ
GPS衛星から発せられる電波を受信して、自動車の現在位置を知る。

ラジコン
電波を使って信号を送り、はなれたところから操縦する。

ラジオ
テレビやラジオは、放送局ごとにことなる周波数がわりあてられている。

携帯電話
電波で基地局とつながり、音声や画像を送る。

電子レンジ
マイクロ波という300MHz以上の周波数の電波で水分子を振動させてものをあたためる。

電磁波の仲間

光や放射線も電磁波の一種です。周波数が高くなるほどエネルギーは強くなります。

	周波数(Hz)	名称	特徴		
電磁波					
電磁界	300	超低周波	周波数が低く、エネルギーは小さい。	**送電線** 電力設備のまわりには電磁界が発生する。	
電波	$3×10^{12}$		**赤外線ヒーター** 赤外線が人の体に吸収されて熱に変わり、体をあたためる。	**リモコン** 赤外線ではなれた機器に信号を送り、操作する。	
光	$3×10^{14}$	赤外線	熱をよくつたえる性質がある。人の目には見えない。		
		可視光線	人の目に見える光。	太陽などが出す光は透明に見えるが、赤から紫までさまざまな色がまざっている。波長により色がことなる。	
	$3×10^{15}$	紫外線	太陽から発せられる。人の目には見えない。		
放射線	$3×10^{18}$	エックス線	人のひふなどやわらかいものを通りぬける。	**レントゲン** 骨などのかたいものだけが写真にうつる。	
	$3×10^{21}$	ガンマ線	病気のちりょうなどに使われる。		

トリビア ものには色がない!?

わたしたちはふだん、ものにはそれぞれの色がついていると思っています。しかし、ものには色はありません。わたしたちがものを見ることができるのは、ものにあたって反射した光が目に入るからです。光にはさまざまな色がふくまれていますが、ものにあたるとその一部がものに吸収され、残った光が反射して目にとどきます。目に入った色の組み合わせが、わたしたちが感じる色です。人間の目には赤・緑・青の光を感じる細胞があり、それぞれの細胞が受ける刺激の強さを色としてとらえているのです。

第3章 知っていると便利な単位

気象の単位

わたしは「ヘクトパスカル（hPa）」。天気予報にはいろいろな単位が出てくるね。雨や風など天気にかかわるものはどんな単位ではかるのかな？ 天気の単位を知れば、天気予報がもっとよくわかるよ。

天気をはかる〈単位〉

■ 気温
セ氏温度（℃）

■ 湿度
パーセント（%）

■ 降水量
ミリメートル（mm）

■ 降水確率
パーセント（%）

■ 風速
秒速（m/s）

■ 気圧（大気の圧力）
ヘクトパスカル（hPa）
大気がおす力を気圧といい、圧力の単位「パスカル（P）」に100を意味する「ヘクト」をつけてあらわします。1気圧＝1013.25hPa

■ 波の高さ
メートル（m）

こんなところで使われているよ
℃ % mm m/s hPa

天気予報
スマートフォンで見られる天気予報。今日明日、1週間の天気、気温、降水確率などがわかる。

台風情報
台風の中心気圧、最大風速などが発表される。

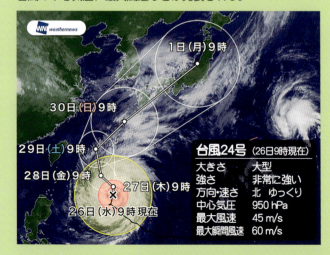

地震をはかる〈単位〉

マグニチュード（M）

地震そのものの大きさ（規模）をあらわします。マグニチュードが1増えると地震エネルギーは約32倍、2増えると約1000倍になります。

マグニチュード8の地震は、マグニチュード7の地震の32個分のエネルギー。

マグニチュード7 →32倍→ マグニチュード8

震度

ある地点でのゆれの強弱をあらわします。0から7までの10段階にわかれています（5と6はそれぞれ「弱」と「強」がある）。度合いをしめすものなので、「震度3.5」のように少数であらわすことはありません。

マグニチュードが大きい地震でも、震源から遠いと震度は小さくなる。

■震度とゆれの大きさ

震度	ゆれの大きさ
0	人はゆれを感じない。
1	屋内で静かにしている人の中には、ゆれをわずかに感じる人がいる。
2	屋内で静かにしている人の大半が、ゆれを感じる。ねむっている人の中には、目をさます人もいる。
3	屋内にいる人のほとんどが、ゆれを感じる。歩いている人の中にはゆれを感じる人もいる。ねむっている人の大半が、目をさます。
4	ほとんどの人がおどろく。歩いている人のほとんどが、ゆれを感じる。ねむっている人のほとんどが、目をさます。
5弱	大半の人が、恐怖をおぼえ、物につかまりたいと感じる。
5強	大半の人が、物につかまらないと歩くことが難しいなど、行動に支障を感じる。
6弱	立っていることが困難になる。
6強	立っていることができず、はわないと動くことができない。
7	ゆれにほんろうされ、動くこともできず、飛ばされることもある。

※気象庁震度階級表より

トリビア 台風には名前はある？

台風は、その年の1月1日から発生した順に、「台風1号」などと番号でよばれますが、それとは別に名前もつけられます。台風が通る地域にある14の国が、それぞれの国の言葉で考えた名前を出し合った140個の名前がリストになっていて、そこから順番に名前がつけられていきます。リストの名前は、140番目まで使ったらまた1番にもどり、くり返し使われます。

順番	名前	意味	つけた国（地域）
1	ダムレイ	象	カンボジア
2	ハイクイ	イソギンチャク	中国
3	キロギー	がん（雁）	北朝鮮
4	カイタク	啓徳（旧空港名）	香港
5	テンビン	てんびん座	日本
6	ボラヴェン	高原の名前	ラオス
7	サンバ	マカオの名所	マカオ
8	ジェラワット	淡水魚の名前	マレーシア
9	イーウィニャ	嵐の神	ミクロネシア
10	マリクシ	速い	フィリピン
138	カーヌン	パラミツ（果物の名前）	タイ
139	ラン	嵐	アメリカ
140	サオラー	ベトナムレイヨウ	ベトナム

第3章 知っていると便利な単位

割合の単位

ぼくは「パーセント（％）」。ほかの単位とはちょっとちがうよ。何Lとか、何mのように、何かの量をあらわすのではなくて、ある量に対してどのくらいかという「割合」をあらわすんだ。割合について見ていこう！

〈単位〉

パーセント（％）

ある量が、全体を100として、そのうちのどのくらいにあたるかをあらわす単位。「百分率」ともいいます。英語の「per cent」は、「100ごとの」という意味があります。

パーセントは次の計算でもとめることができます。

割合（％）＝ くらべる量 ÷ 全体の量 × 100

■円グラフであらわすと…

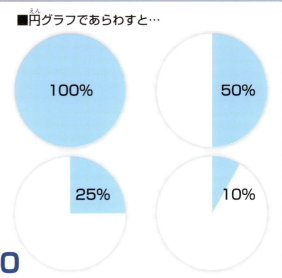

100%　50%　25%　10%

こんなところで使われているよ

天気予報の降水確率
1mm以上の雨がふる確率。

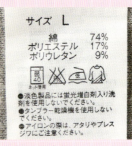

衣類の表示
製品に使われている材料が、それぞれどのような割合でまざっているかをあらわす。

ジュースのラベル
入っている果汁を割合であらわす。

消費税率
合計金額にふくまれる消費税がレシートに書かれている。

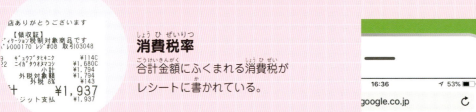

充電池の残量
携帯電話などの充電池の残りの量が表示される。

割合の計算をおさらいしよう！

かぜをひいているのは何％？

40人の生徒のうち、8人がかぜをひいています。かぜをひいているのは何％ですか？

計算 比べる量 ÷ 全体の量 × 100 だから、

8 ÷ 40 × 100 = 20 　　　答え　20％

果汁の量は何mL？

果汁25％のジュースが500mLあります。このジュースに入っている果汁は何mLですか？

計算 25％は割合の数にすると0.25だから、

500 × 0.25 = 125 　　　答え　125mL

ノートはいくら？

150円のノートが30％引きで売られています。代金はいくらですか？

計算 30％は割合の数にすると0.3だから、

150 × 0.3 = 45

150 − 45 = 105 　　　答え　105円

歩合であらわす

　割合のあらわし方には百分率のほかに、「歩合」があります。歩合とは全体を10としたときに、くらべる量がどのくらいかをあわらすものです。1割は全体の$\frac{1}{10}$、5割は半分です。

　歩合が使われる例は野球の打率です。たとえば「3割打者」というのは、10回の打数でヒットを3本打つ成績の打者のことをいいます。また、スーパーなどで見られる商品の値引きシールは、「30％引き」や「3割引」などの表記があります。

割合をあらわす小数	1	0.1	0.01	0.001
百分率（％）	100％	10％	1％	0.1％
歩合	10割	1割	1分	1厘

宇宙の単位

第3章 知っていると便利な単位

ぼくらは「光年（ly）」。宇宙の単位だよ。地球から銀河系のかなたまで、宇宙は気が遠くなるような空間が広がっている。だから、宇宙には宇宙専用の単位があるんだ。単位を見ながら宇宙のスケールを感じよう。

〈単位〉

等級

星の明るさをあらわす単位。1等星は6等星の100倍の明るさで、1等級ごとに約2.5倍明るくなります。地球から見たときの明るさを「実視等級」、星の本来の明るさを「絶対等級」といいます。

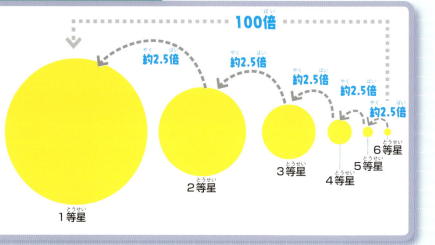

100倍　約2.5倍　約2.5倍　約2.5倍　約2.5倍　約2.5倍
1等星　2等星　3等星　4等星　5等星　6等星

いろいろな星の明るさ

星たちは地球からいろいろな距離にあるから、本来の明るさと見かけの明るさがちがうよ。

デネブ（はくちょう座） 1.25等星
夏の大三角
ベガ（こと座） 0等星
アルタイル（わし座） 0.8等星

夏の大三角
3つの1等星をむすんでできる大きな三角形。夏の星座の目印になる。こと座のベガとわし座のアルタイルは、七夕伝説の「おりひめ」と「ひこぼし」。

■おもな星の明るさ

名前	実視等級	絶対等級
太陽	-26.7	4.8
シリウス	-1.4	1.5
リゲル	0.1	-6.6
ベテルギウス	0.42	-5.85
アルデバラン	0.8	-0.641
アンタレス	1.09	-5.28
北極星	2.0	-3.4

〈単位〉

光年（ly）
1 ly = 約9兆4600億km

宇宙の距離をあらわす単位。1光年は光の速度で1年進んだ時の長さ。

地球から太陽までは光の速さで約8分20秒。月までなら約1.3秒。
約1.3秒　約8分20秒

天文単位（AU）
太陽と地球の間の平均距離を1天文単位として、
1AU = 約1500億km

いろいろな宇宙の距離

最も遠い銀河　134億光年

光年

北極星　433光年

今見ている北極星の光は、今から433年前に北極星から出た光だ！

シリウス　8.6光年

アンドロメダ銀河（地球から見える最大の銀河）　250万光年

太陽系の惑星の太陽からの距離

天文単位 AU

1AU

太陽　水星 約0.4AU　金星 約0.7AU　地球　火星 約1.5AU　木星 約5AU　土星 約10AU　天王星 約20AU　海王星 約30AU

コンピューターの単位

第3章 知っていると便利な単位

ぼくは「バイト（B）」。コンピューターの情報量の単位だよ。コンピューターやスマートフォンなどのデジタル機器では、文字や写真、音楽などの情報が「0」と「1」の数字をならべたデジタルデータにおきかえられて保存されているよ。

 〈単位〉

インチ（in）

画面の大きさをあらわす単位。画面の対角線の長さではかります。1インチは約2.54センチメートルです。

■液晶テレビの大きさの例

	24in	32in	40in	50in
110.49cm				
88.39cm				
70.71cm				
53.04cm				
	29.87cm	39.83cm	49.78cm	62.23cm

1536px / 9.7inch / 2048px

 〈単位〉

ピクセル（px）

デジタル画像をつくっている最小の単位。パソコンやデジタルカメラの画像は、小さな四角があつまってできています。その四角の1つがピクセルです。

ピクセル
R（赤）11010111
G（緑）10101
B（青）100101

カラーの画像では、それぞれのピクセルの色は赤、緑、青の3つの数字で記録される。この3色をまぜればすべての色を表現できる。

〈単位〉

コンピューターで使われる情報の量をあらわす単位。コンピューターの情報はすべて「0」と「1」の数字を使った2進法であらわされます。1ビットは「0」か「1」のどちらかで、1バイトは0と1を組み合わせた8けたの数字です。数字とアルファベットは1文字を1Bであらわしますが、日本語のひらがなやカタカナ、漢字は2Bを使います。

ビット（bit）
バイト（B）
キロバイト（KB）
メガバイト（MB）
ギガバイト（GB）

```
1B   = 8bit
1KB = 1024B
1MG = 1024KB
1GB = 1024MB
```

※ KB、MB、GBはそれぞれ1000倍ではないことに注意。

容量 32GB

SDカード
デジタルカメラの画像を記録するメモリーカード。16GBの容量で、1800万画素の写真を2400枚保存することができる。

ブルーレイディスク
最大50GBの容量を記録できるディスク。デジタル放送の番組を約8時間40分録画できる。

72dpi

350dpi

〈単位〉

ディーピーアイ（dpi）

デジタル画像の解像度をあらわす単位。解像度とは、画像のきめこまかさのこと。「dpi」は「dot per inch（1インチあたりの点）」の略で、1インチの長さにふくまれる情報のマス目の数をあらわします。この数字が大きいほど、解像度が高く、画像がきめ細かいということになります。

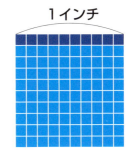

1インチ =10dpi

「ドット」とは「点」という意味で、ピクセルとにているが、色の情報は持たない。

第3章 知っていると便利な単位

エネルギーの単位

私は「ジュール(J)」。エネルギーの単位さ。エネルギーとは、「仕事をする力」つまり、ものを動かす力のこと。人間が動いたり、自動車が走ったり、電球が光ったりするのはみんなエネルギーが必要なんだ。エネルギーはどうやってはかるのかな？

 〈単位〉

ジュール(J)

仕事量、電力量、熱量などすべてのエネルギーをあらわす世界共通の単位。1ジュールは、1ニュートン（82ページ）の力がその力の方向に物体を1メートル動かすときの仕事量です。簡単にいうと、1ジュールとは、地球上で約102グラムのものを1メートル持ち上げるくらいのエネルギーです。

いろいろなエネルギー

ジュール **J**

1000Wのドライヤーを1分間使ったときの電力量
60000 J

灯油1Lが持つエネルギー
36.7 MJ

102gを1m持ち上げる
1 J

台風のエネルギー
10^{18} J

〈単位〉

カロリー（cal）

熱量をあらわす単位。食品が持つ熱量や、人が消費する熱量をあらわすときに使います。1カロリーは、「水1グラムの温度を1度上げるのに必要な熱量」です。

こんなところでcal使われているよ

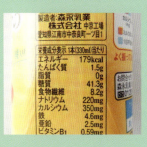
食品のパッケージ
その食品のカロリーが表示されている。

いろいろな食品のカロリー

 cal

ごはん 235 kcal

親子どん 731 kcal

ミートソーススパゲッティ 597 kcal

小学4年から6年の人が1日に必要とするエネルギーは約2200kcalだよ。

ラーメン 443 kcal

シュークリーム 209 kcal

オレンジジュース 82 kcal

■ 100キロカロリーを使う活動と時間

動作	消費する時間
歩く	20分
自転車	20分
ジョギング	12分
犬の散歩	20分
なわとび	10分
サッカー	10分
掃除機をかける	23分
風呂そうじ	21分

トリビア ジュールとカロリー

日本では商品の熱量には「カロリー」が使われていますが、国際的にはほかのエネルギーと同じ「ジュール」に統一されています。
ジュールとカロリーは次のように換算されます。

1 cal ＝ 約 4.2 J
1 J ＝ 約 0.24 cal

外国食品の栄養表示。

第3章 知っていると便利な単位

日本の単位

わたしは「尺」。江戸時代に使われていた長さの単位だよ。日本では昔、長さの単位「尺」と重さの単位「貫」を基本とした「尺貫法」とよばれる単位が使われていたよ。「メートル法」の単位が使われるようになった今でも、尺貫法の単位のいくつかは身のまわりで目にすることがあるね。

尺貫法の長さの単位

1里＝36町＝約4km
1町＝60間＝約109m
1間＝6尺＝約1.8m
1尺＝10寸＝約30cm
1寸＝約3cm

日本アルプスの「小槍」
唱歌「アルプス一万尺」にうたわれている「小やり」は、日本アルプスの槍ヶ岳のとなりの「小槍」とよばれる山。標高は3030mなので、およそ1万尺になる。

一里塚
江戸時代に街道に、1里ごとに築かれた道しるべ。

一寸法師
昔話に出てくる一寸法師の身長は約3cm。

尺貫法の面積の単位

1町＝10反＝約10000m²
1反＝10畝＝約1000m²
1畝＝30坪＝約100m²
1坪＝1平方間＝約3.3m²

田んぼの面積
農家では今でも田んぼの広さに「町」や「反」が使われている。

畳
1坪は畳を2枚ならべた面積。建物や土地の面積をあらわすのに使われているよ。

1畝はだいたい1アール、1町はだいたい1ヘクタールだからわかりやすいね。

尺貫法の容積の単位

1石 = 10斗 = 約180L
1斗 = 10升 = 約18L
1升 = 10合 = 約1.8L
1合 = 約180mL

一合ます
180mLがはかれるます。米や酒などをはかるのに使われる。

一斗缶
18L入りの金属の容器。塗料や食品などの容器として使われる。

炊飯器
内がまの目盛りの単位は「合」。今でも米の単位には「合」が使われている。

一升びん
1.8L入りのびん。日本酒やしょうゆなどに使われる。

尺貫法の重さの単位

タオル
タオルの重さ（厚さ）は「匁」であらわす。ダース（12枚）単位ではかる。「200匁」のタオル1枚の重さは、200÷12×3.75で62.5gになる。

1貫 = 100両 = 3.75kg
1斤 = 16両 = 600g
1両 = 10匁 = 37.5g
1匁 = 3.75g

真珠
真珠の取引の重さには、国際的に「匁」が使われている。

5円玉
5円玉の重さはちょうど1匁。

トリビア 食パンの「1斤」は何グラム？

「1斤」という単位に出合うのは、食パンを買うときぐらいのものですね。1斤は600グラムにあたりますが、食パンの場合にはちょっと事情がちがいます。じつは「斤」という単位にはいくつかの種類があり、食パンに使われるのは1斤が450グラムの「英斤」です。食パンの焼き型がイギリスやアメリカから輸入されたものだったため、単位も英斤が取り入れられたのです。現在は、食パンの1斤は340グラム以上と決められています。

地球のまわりにロープをはると…？

問題

地球の赤道上にロープを1周まきつけるところを想像してみましょう。それから、あらゆる地点でロープを1.5mの高さに持ち上げます。さて、ロープを1.5m持ち上げて1周させるには、もとのぴったり巻いたときより、どのくらいの長さを足せばよいでしょうか？ 地球を1周する長さを40000kmとして考えましょう。

① 約10m　**②** 約100m　**③** 約1000m

 答え

① 約10m

地面から1.5m持ち上げたときの円は、もとの円とくらべて直径が3m大きくなっているだけです。
円周をもとめる公式は、直径×3.14ですから、

$3 \times 3.14 = 9.42$

つまり、10mあれば足りるのです。

10mは以外に短いね。地球はものすごく大きいから、かなりの長さが必要だと思ったんじゃないかな？

第4章

単位事典

これまで紹介した以外にも、
世の中にはたくさんの単位があります。
また、単位とはちがいますが、
いろいろなもののかぞえ方も紹介します。

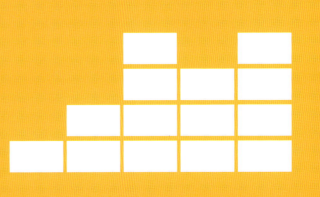

第4章 単位事典 さまざまな単位

　第2章、第3章で見てきた単位の他にも、まだまだたくさんの単位があります。見たことのある単位はあるでしょうか。

　身のまわりで使われている単位から、専門的な難しい単位まで、さまざまな単位を紹介します。

単位表の見方

単位の名前の五十音順にならんでいます。

- はかるもの
- 記号と名前
- 説明
- 使用例
- 関連する単位

磁束密度

T〔テスラ〕

磁石の強さ

1Tは磁束の方向に垂直な面1㎡あたり1Wb（ウェーバー）の磁束密度

ネオジム磁石：約0.5T

→ウェーバー

SI 基本 — SI 基本単位：国際単位系 SI に定められた基本単位

SI 組立 — SI 組立単位：SI 基本単位を組み合わせた単位

SI 併用 — SI 併用単位：国際単位系（SI）とあわせて使用される単位

ヤードポンド — ヤードポンド法：長さのヤード、重さのポンドを基本にした単位系

尺貫 — 尺貫法：長さの尺、重さの貫を基本にした単位系

フィルムの感度

ISO〔ISO感度〕

フィルムが記録できる光の強さ

デジタルカメラの場合は映像素子の感度をしめす

星空の撮影：ISO1600

長さ　〔ヤードポンド〕

in〔インチ〕

1in＝2.54cm

自転車のタイヤの大きさはインチであらわす

磁束量　〔SI組立〕

Wb〔ウェーバー〕

磁力線の合計本数

1Wbは1V（ボルト）の誘導起電力を生じるのに必要な1秒あたりの磁束の変化量

ドイツの物理学者ヴィルヘルム・ヴェーバーにちなんでつけられた単位名

→テスラ

面積 ヤードポンド

ac 〔エーカー〕

1acは、「2頭の雄牛をくびきにつないですきを引かせて1日でたがやすことのできる面積」に由来する

[1ac=4046.86㎡]

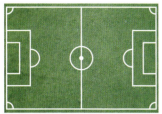

サッカーのフィールドの広さ：約1ac

日焼け止めの効果

SPF 〔エスピーエフ〕

日焼けを防ぐ効果をしめす指数

[紫外線があたりはじめてから日焼けをするまで、何倍の時間おくらせることができるかの数値]

SPF50の日焼け止めをぬったとき、日焼けしはじめるまでの時間：約17時間

レンズの明るさ

F 〔F値〕

カメラに取りこむ光の量

[レンズの焦点距離を有効口径で割った値。F2、F2.8、F4、F5.6、F8と数字が大きくなるほどレンズを通る光の量が少なくなる]

このレンズのF値：3.5〜5.6

電気抵抗 SI組立

Ω 〔オーム〕

電気の流れにくさ

[1V（ボルト）の電圧をかけたとき、1A（アンペア）の電流が流れる導体の2点間の電気抵抗]

10Ωのカーボン抵抗器

長さ SI併用

Å 〔オングストローム〕

原子や分子の大きさ、太陽光の波長など、とても小さな長さをあらわすのに使われる

[1mの10億分の1。1Å=100pm]

虹の紫の波長：およそ4000Å

重さ ヤードポンド

oz 〔オンス〕

[1oz=1/16lb（ポンド）=28.35g]

アメリカの計量カップ：1カップ=8oz

速さ

rpm 〔回毎分〕

回転速度

[1rpmは1分間に1回転の速度]

CDは情報を読みとるとき、周の内側付近では約500rpm、外側では約200rpmで回転する

長さ SI併用

M 〔海里〕

海上の距離

[地球の赤道での緯度1分の長さ。1海里=1852m]

明石海峡のはば：約2海里

速さ

kine 〔カイン〕

地震の速度

[1秒間に1cm動く速さ。1kine=1cm/s]

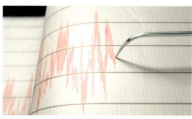

2004年におきた新潟県中越地震：148kine

温度

°F 〔カ氏温度〕

アメリカやイギリスで使われる温度。ファーレンハイト度ともよぶ

[水の凝固点を32°F、沸点を212°Fとし、その間を180等分した温度。0°F=17.8℃]

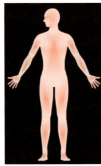

人間の体温：98.6°F

重さ

ct 〔カラット〕

宝石の重さ

[1ct=200mg]

南アフリカで発見された、3106ctもある世界最大のダイヤモンド原石「カリナン」。100個以上にカットされたうちの大きかった9つ

加速度

Gal 〔ガル〕

地震のゆれの大きさ

[1Galは、1秒につき速度が1cm/s速くなる加速度。1Gal=0.01m/s²]

近代科学の父とよばれるガリレオ・ガリレイにちなんでつけられた単位名

体積 〔ヤードポンド〕

gal 〔ガロン〕

液体の体積

[アメリカ：1gal=3.78541L
イギリス：1gal=4.54609L]

アメリカで使われている1gal入りの牛乳容器

活字の大きさ

Q 〔級〕

日本の活字の大きさ

[1級はたて横それぞれ4分の1mm]

この文字は100Q

→ポイント

放射能

Ci 〔キュリー〕

放射線を出す能力。物理学者キュリー夫妻に由来する。現在はベクレルが使われる

[1Ciは1秒間に崩壊する放射性物質の個数が $3.7×10^{10}$ 個であるときの放射能。1Ci=$3.7×10^{10}$Bq（ベクレル）]

ラドン温泉の温泉水1kgあたりにふくまれるラドン：$30×10^{-10}$Ci

→ベクレル

電荷 〔SI組立〕

C 〔クーロン〕

電荷

[1A（アンペア）の電流によって1秒間にはこばれる電気の量]

1回の落雷：1〜100C

体積 〔ヤードポンド〕

qt 〔クオート〕

液体の体積

[1qt=1/4gal（ガロン）=946.35mL]

1qt入りの紙パック

吸収線量 〔SI組立〕

Gy 〔グレイ〕

物質が吸収する放射線の量

[1Gyは物質1kgあたり、1Jのエネルギーが与えられるときの吸収線量]

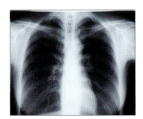

胸部エックス線検査：0.4mGy

→シーベルト

重さ 〔ヤードポンド〕

gr 〔グレーン〕

1gr＝1/7000lb（ポンド）≒64.8mg

大麦1粒の重さがグレーンの由来 →ポンド

個数

gr 〔グロス〕

同じ種類のものをかぞえる

1gr＝12doz（ダース）＝144個

ねじやくぎなどの部品はグロス単位であつかわれる →ダース

時間・時刻

刻（こく（とき））

江戸時代まで使われていた時間の単位

1刻は、昼（夜明けから日暮れまで）と夜（日暮れから夜明けまで）をそれぞれ6等分した1つ分。季節によって昼と夜の長さがちがうので、昼と夜で1刻の長さがことなる

昼と夜の長さが同じとき、1刻＝2時間

加速度

G 〔ジー〕

速さの変化率

物体に重力が作用したときに生じる加速度。1G＝9.80665m/s²

F1ドライバーがレース中にブレーキをかけたりカーブをまがるときに体にかかる加速度：4〜5G →メートル毎秒毎秒

線量 【SI組立】

Sv 〔シーベルト〕

放射線が人体にあたえる影響

放射線の種類ごとの係数とGy（グレイ）をかけ合わせた値

CTスキャン：5〜30mSv →グレイ

視力

視力（しりょく）

はなれたところのものを見分ける能力の基準

大きさ7.5mm、すき間1.5mmのランドルト環を5mはなれたところから見分けられる視力が1.0

C

上のマークの切れ目の位置が5mの距離からわかれば視力1.0

圧力 【SI併用】

mmHg 〔水銀柱ミリメートル〕

血圧

高さ1mmの水銀柱が底面にあたえる圧力。1気圧＝760mmHg

正常血圧：140mmHg/90mmHg未満

輝度

sb 〔スチルブ〕

表面のまぶしさ

1cm²あたり1cd（カンデラ）の光度を持つ表面の輝度。1sb＝1cd/cm²

液晶テレビの画面：0.05sb →ニト

角度 【SI組立】

sr 〔ステラジアン〕

立体での角の大きさ

1srは球の半径の2乗に等しい面積を持つ球面上の面積が球の中心に対してつくる立体角

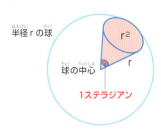

→ラジアン

千年紀

世紀
西暦のかぞえ方

[西暦を100年単位で区切ったもの。21世紀は2001年から2100年まで]

二十世紀梨。「20世紀を代表する品種になってほしい」という願いから名づけられたナシの品種名

個数

doz 〔ダース〕
同じものを12でひとまとめにしてかぞえる単位

[1doz=12個。12doz=1gr（グロス）]

えんぴつ1箱は1doz入り

→グロス

力

dyn 〔ダイン〕

[1gの物体に対して、1cm/s^{2}の加速度をあたえる力の大きさ。1N（ニュートン）の10万分の1の大きさ]

1円玉にはたらく重力：約980dyn

→ポアス

屈折度

Dptr 〔ディオプトリ〕
レンズの度

[焦点距離が1mである屈折度]

焦点距離（ピントの合う距離）が50cmのレンズ：2Dptr

磁束密度　SI組立

T 〔テスラ〕
磁石の強さ

[1Tは磁束の方向に垂直な面1m²あたり1Wb（ウェーバー）の磁束密度]

ネオジム磁石：約0.5T

→ウェーバー

長さ

D 〔デニール〕
糸の太さ

[長さ9000mの糸の重さが1gの場合、その糸の太さは1D]

カイコの糸の太さ：およそ3D

圧力

Torr 〔トル〕
生体内の圧力にのみ使用される。水銀柱ミリメートルと同じ

[1Torr=1mmHg]

イタリアの物理学者エヴァンジェリスタ・トリチェリにちなんでつけられた単位名

輝度　SI組立

nt 〔ニト〕
表面のまぶしさ

[1m²あたり1cd（カンデラ）の光度を持つ表面の輝度。1nt=1cd/m²]

満月：約2000nt

→スチルブ

力　SI組立

N 〔ニュートン〕

[1Nは質量1kgの物体に対して1m/s^{2}の加速度をあたえる力の大きさ]

りんご（300g）にはたらく重力：約3N

速さ

kt 〔ノット〕

おもに船の速度に用いる

1時間で1海里進む速さ
1kt=1852m/h

コンテナ船の速度：およそ24kt

長さ

pc 〔パーセク〕

宇宙の距離

1pcは1AU（天文単位）に対して視差1秒の角をつくる距離。1pc=30.857×10^{15}m=3.259ly（光年）

最も明るい恒星シリウスは地球から2.65pcにある

割合

‰ 〔パーミル〕

千分率

ある数が全体の1000分のいくつかをしめす比率。1‰ = $\frac{1}{1000}$

箱根登山鉄道の勾配：80‰

→ピーピーエム

体積　ヤードポンド

pt 〔パイント〕

アメリカでは
1pt=1/2qt（クオート）=473.18mL

1pt入りのビールジョッキ

仕事率　メートル法

PS 〔馬力(仏馬力)〕

馬1頭が荷を引くときの仕事率に由来

1秒間に75kgのものを垂直に1m持ち上げる仕事率。1PS=735.5W

D51型蒸気機関車：1280PS

体積　ヤードポンド

bbl 〔バレル〕

石油の単位

1bbl=42gal（ガロン）≒159L

超大型石油タンカーに積みこむ原油：200万bbl

水溶液の性質

pH 〔ピーエイチ〕

酸性・アルカリ性の尺度

0〜7が酸性、7が中性、7〜14がアルカリ性をしめす。0に近いほど酸性が強く、14に近いほどアルカリ性が強い

レモン果汁：pH2

割合

ppm 〔ピーピーエム〕

百万分率。おもに気体の濃度に用いる

ある数が全体の100万分のいくつかをしめす比率。1ppm = $\frac{1}{1000000}$

大気中の二酸化炭素の平均濃度：約400ppm

→パーミル

暗号資産

BTC 〔ビットコイン〕

インターネット上で使えるお金

1BTCの価値はその時々で変化する

仮想通貨は電子データなので実際のお札や硬貨はない

長さ 〔尺貫〕

尋(ひろ)

両手を広げた長さに由来する

[1尋＝6尺≒1.818m]

おもに縄や釣り糸の長さ、水深に使われる

電気容量 〔SI組立〕

F 〔ファラド〕

たくわえられる電気の量

[1C（クーロン）の電気量を充電したとき1V（ボルト）の電位差を生ずるコンデンサーの静電容量]

コンデンサーは電子回路にかかせない部品

長さ 〔ヤードポンド〕

ft 〔フィート〕

[1ft=12in（インチ）=30.48cm]

野球の塁と塁の間の距離：90ft

フレームレート

fps 〔フレーム毎秒〕

1秒間にうつし出される静止画の枚数。大きいほど動きがなめらかになる

映画：24fps

放射能 〔SI組立〕

Bq 〔ベクレル〕

放射線を出す能力

[1Bqは1秒間に1個の放射性壊変をする放射性物質の量]

人間の放射能：約7000Bq

→キュリー

粘度

P 〔ポアズ〕

ねばりけの度合い

[1Pは流体内1cmにつき1cm/sの速度勾配があるとき、その速度勾配の方向に垂直な面に、速度の方向1cm²につき1dyn（ダイン）の力が生じる粘度]

水の粘度：20℃で0.01P

→ダイン

活字の大きさ

pt 〔ポイント〕

アメリカの活字の大きさ

[1pt=$\frac{1}{72}$in（インチ）=0.3514mm]

この文字は80pt

→級

重さ 〔ヤードポンド〕

lb 〔ポンド〕

[1lb≒453g]

子ども用のボウリングのボール：6～8lb

→グレーン

長さ 〔ヤードポンド〕

mi 〔マイル〕

[1mi=1760yd（ヤード）=1.6093km]

アメリカのミシシッピ川の全長：2350mi

→フィート・ヤード

第4章 単位事典

速さ

M 〔マッハ〕

速さの変化率

マッハ1は音速と等しい速さ。1気圧15℃では M1≒1224km/h

スペースシャトル：M23

加速度 SI組立

m/s² 〔メートル毎秒毎秒〕

速さの変化率

1m/s² は、1秒あたりの速度の変化が1m/s の加速度

狩りをするチーター：10m/s²　→ジー

長さ

〔メッシュ〕

網目の目のあらさ

1int（インチ）あたりの網目の数

網戸の目のあらさ：およそ 18～40 #

かたさ

モース硬度

鉱物のかたさの尺度

調べたい鉱物を標準となる鉱物とこすり合わせ、傷がつくかどうかで見分ける

モース硬度4の指標「蛍石」。ナイフで簡単に傷をつけることができるかたさ

物質量 SI基本

mol 〔モル〕

1mol はある物質の原子や分子の 6.02×10^{23} 個の集まり。物質によって1mol の重さ（質量）はことなる

1mol の水分子の質量（重さ）：18g

長さ 尺貫

文

一文銭の直径に由来する

1文＝0.8寸＝2.4cm

おもに足袋や靴のサイズに使われる

長さ ヤードポンド

yd 〔ヤード〕

1yd＝3ft（フィート）＝0.9144m

アメリカンフットボールのフィールドに引かれた線の間隔：5yd　→フィート

角度 SI組立

rad 〔ラジアン〕

平面上での角の大きさ

1rad は円周上でその円の半径と等しい長さの弧を切りとる2本の半径がつくる中心角

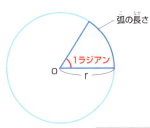

→ステラジアン

かたさ

HR 〔ロックウェル硬さ〕

金属などの工業材料のかたさの尺度

ダイヤモンドの円錐や鋼球をおしつけ、くぼみの深さを調べる。調べるときに使用したスケールの種類によって HRA や HRC の記号であらわされる

家庭用の包丁：HRC57～59

85

もののかぞえ方

第4章 単位事典

日本語ではものをかぞえるとき、「1個」や「1匹」「1本」といったかぞえ方をします。この「個」「匹」「本」は「助数詞」とよばれる言葉で、ものの種類や形、大きさなどによって決まっています。

なかには特別な助数詞が使われるものもあります。いろいろな助数詞をおぼえましょう。

かぞえ方	かぞえるものの例	解説
折（おり）	弁当、箱入りのおかし	
籠（かご）	ミカン、トマト	かごに盛ったもの。
株（かぶ）	根のついた植物	（→鉢）
貫（かん）	にぎりずし	
缶（かん）	缶づめ、ドロップ	缶に入れたもの。
巻（かん）	本（何冊かセットになっているもの）、巻物	
基（き）	塔、古墳、灯台、ダム、エレベーター、ブランコ	すえ置かれて、人の手では動かせないもの。
機（き）	飛行機、ヘリコプター、熱気球、ロケット	
脚（きゃく）	いす、テーブル	
客（きゃく）	ティーカップ、湯飲み	茶わんなどで、ひとそろいになっているもの。
曲（きょく）	楽曲	
切れ（きれ）	カステラ、ようかん、魚の切り身、さしみ	切り分けたもの。
斤（きん）	食パンのかたまり	
串（くし）	焼き鳥、団子など	くしにさしたもの。
組（くみ）	手ぶくろ、くつした、学級、夫婦、グループ	いくつかでひとそろいになっているもの。
軒（けん）	家	（→戸）
個（こ）	あんぱん、ボタン、空き缶、ぼうし、消しゴム、コップ、星、あな	細長くもなく、平らでもないもの。「1つ」でもかぞえることができる。
戸（こ）	一戸建ての家、マンションやアパートのひと区切り	（→軒）
号（ごう）	新幹線や特急列車、台風、雑誌の番号	

◀にぎりずし 1貫

◀食パン1斤

かぞえ方	かぞえるものの例	解説
座（ざ）	仏像（座っているもの）、神社、高い山	（→社）
棹（さお）	たんす、長持、三味線、ようかん	
さじ	調味料	
冊（さつ）	本、雑誌、ノート	（→巻、部）
皿（さら）	料理	皿に盛ったもの。
寺（じ）	寺	寺は山ともかぞえる。
室（しつ）	部屋	和室は「間」ともかぞえる。
品（しな・ひん）	料理	
社（しゃ）	神社、会社	（→座）
重（じゅう）	うな重	重箱に入れたもの。
隻（せき）	客船、タンカー、フェリー	大きめの船。（→艘、艇）
膳（ぜん）	ご飯、ひとそろいのはし	（→杯、椀）
艘（そう）	ボート、ヨット	小さめの船。（→隻、艇）
足（そく）	くつ、くつした、足袋	足につけるもの。
尊（そん）	地蔵	
体（たい）	仏像、人形	
台（だい）	自動車、バイク、自転車、バス テレビ、冷蔵庫、そうじ機、ピアノ、カメラ	乗り物や機械など。
束（たば）	野菜、花束、新聞紙、札束	束にしたもの。（→把）
玉（たま）	キャベツ、レタス、メロン、スイカ、うどん、毛糸	玉のような形のもの。
着（ちゃく）	背広、ジャケット、コート、ワンピース、ドレス、着物	（→本、枚）
丁（ちょう）	とうふ、こんにゃく、一品料理、銃	（→挺）
挺（ちょう）	ギター、バイオリン、銃、そろばん、駕籠	（→丁）
通（つう）	手紙、葉書、電報、電子メール	（→封）
粒（つぶ）	いちご、ブドウの実、豆、米、宝石、なみだ	指先でつまめるほどの大きさのもの。
艇（てい）	競技用のヨットやボート	小さめの船。（→隻、艘）
滴（てき）	水や薬のしずく	
頭（とう）	ウシ、ウマ、クジラ、イルカ、カバ、イヌ	人がだきかかえられないほどの大きさの動物。（→匹）

▲ようかん1棹

うな重1重▶

足袋1足▶

◀とうふ1丁

かぞえ方	かぞえるものの例	解説
人	人間	数が「1・2」の場合は「ひとり・ふたり」とかぞえる。（→名）
杯	水、お茶、コーヒー、そば、ご飯 イカ、タコ、カニ	器に入れたもの。（→膳、椀） イカ、タコ、カニは生きているときは「匹」でかぞえる。
柱	日本古来の神	「ひとはしら、ふたはしら、みはしら…」とかぞえる。
箱	キャラメル、ティッシュペーパー、えんぴつ	箱に入れたもの。
鉢	鉢植えの植物	（→株）
パック	レトルトカレー、ひき肉、卵	包装されて売られているもの。
腹	たらこ	
張	幕、テント、弓、蚊帳、琴	布や糸などを張ったもの。
尾	魚、エビ	尾ひれのついた魚やエビ。
匹	イヌ、ネコ、ネズミ、魚、昆虫	鳥以外で、人がだきかかえられるほどの大きさの生き物。（→頭、羽）
びん	ジャム、ビール、薬	びんに入れたもの。
便	飛行機の運行	（→本）
部	本、新聞、書類	（→巻、冊）
封	手紙	封筒に入れたもの
袋	ポテトチップス、もやし	袋に入れたもの。
房	ブドウ、バナナ	ふさになったもの。（→通）
振り	刀	刀は「本・口・腰」ともかぞえる。

たらこ1腹▶

イカやタコはなぜ「杯」とかぞえるの？

　海で泳いでいるイカは「1匹」とかぞえますが、お店で売られるときには「1杯」とかぞえられます。「杯」という漢字はもともとお酒を飲むときに使うさかずきのことで、イカの体がさかずきのようにふくらんだ形をしていることから、1杯とかぞえられるようになったといわれています。タコの体やカニのこうらも、丸い容器のような形をしているので、イカと同様に「杯」でかぞえられます。

イカのどう体を干して、お酒を入れる徳利にした「イカ徳利」。

かぞえ方	かぞえるものの例	解説
本	樹木、えんぴつ、切り花、スプーン、かさ、ひも、トンネル、橋 野球のホームラン、サッカーのシュート、剣道の技、電車の運行、映画	細長いもの、スポーツの技、始まりから終わりまでひとつづきのものなど。（→着、枚）
枚	紙、皿、黒板、窓、コイン、ポスター、カーテン、タオル、ふとん、Tシャツ、スカート	うすく平らなもの。
巻き	糸、ロープ、セロハンテープ、トイレットペーパー	巻いたもの。
棟	家、倉庫、アパート	
名	人数（客や参加者など）	（→人）
面	鏡、おめん、テニスコート	
両	新幹線や電車の車両	
輪	車輪、花	
連	真珠のネックレス、じゅず	連ねたもの。
羽	鳥、ウサギ	ウサギは「匹」ともかぞえる。
把	ホウレンソウ、コマツナ、そうめん	片手でにぎることができるほどの束。（→束）
話	物語、ドラマのひと区切り	
椀	みそしる、ぞうに	おわんに入れたもの。（→膳、杯）

◀糸1巻き

◀おめん1面

バラ1輪▶

じゅず1連▶

おばけは「1人」それとも「1匹」？

　人間でもなく、動物でもないおばけはどうかぞえるのでしょうか？　おばけのかぞえ方は、大まかにその姿や性質によって決まるようです。たとえばゆうれいや雪女のように、人間に近い姿をしていて、人の言葉を話すようなものは「人」、かっぱや唐傘小僧など、動物や化け物のようなものは「匹」になります。また、人間に悪さをする鬼は「匹」、人間と仲がよい鬼は「人」と、人間との関係によってもかぞえ方が変わります。

このようなおばけは「匹」でかぞえる。

五十音順さくいん

あ行

アール（a）............. **35**、39、74
アールピーエム（rpm）............. 79
アイエスオー（ISO）............. 78
アト（a）............. 17
アレッサンドロ・ボルタ............. 61
アンデルス・セルシウス............. 50
アンドレ・マリー・アンペール 61
アンペア（A）......... 13、**60-61**、80
アンペールの法則............. 61
緯度............. 53
インチ（in）..18、**70-71**、78、84
ウィリアム・トムソン............. 51
ヴィルヘルム・ヴェーバー............. 78
ウェーバー（Wb）............. 78
上皿天びん............. 29
上皿ばかり............. 29
英斤............. 75
エヴァンジェリスタ・トリチェリ 82
エーカー（ac）............. 79
エクサ（E）............. 17
エスピーエフ（SPF）............. 79
エックス線............. **63**、80
大さじ............. 41
オーム（Ω）............. 79
億............. 16-17
オクターブ............. 57
音............. 49、**56-57**
音圧............. 56
オングストローム（Å）............. 79

か行

オンス（oz）............. 79
温度............. **50-51**、64、80

海里（M）............. **79**、83
カイン（kine）............. 79
角度............. 15、**52-53**
カ氏温度（°F）............. 80
可視光線............. 63
加速度............. 13、80-82、85
カラット（ct）............. 80
ガリレオ・ガリレイ............. 80
ガル（Gal）............. 80
カロリー（cal）............. 73
ガロン（gal）............. 80
貫............. 13、74-75
カンデラ（cd）.... 13、**58-59**、81
ガンマ線............. 63
気圧............. 64
気温............. 64
ギガ（G）............. 16-17
ギガバイト（GB）............. 71
ギガヘルツ（GHz）............. 62
基本単位............. 13
級（Q）............. 80
キュービット............. 18
キュリー（Ci）............. 80
凝固点............. 51
キロ（k）............. 17、22、30
キログラム（kg）............. 13、**28-31**

キログラム原器............. 29
キロバイト（KB）............. 71
キロヘルツ（kHz）............. 62
キロメートル（km）............. 27
キロリットル（kL）............. **40**、43
斤............. 75
クーロン（C）............. 80、84
クオート（qt）............. 80
組立単位............. 13
位取り記数法............. 14
グラム（g）............. 28、30
グレイ（Gy）............. 80
グレーン（gr）............. 81
グロス（gr）............. 15、81
経度............. 53
計量カップ............. 41
ケルビン（K）............. 13、51
間............. 36、74
原子時計............. 47
合............. 75
降水確率............. 64、66
降水量............. 64
光度............. 13、58
光年（ly）............. 69
こう配............. 52
石............. 75
刻............. 81
国際単位系（SI）... 13、16、20、30
小さじ............. 41
古代オリエント............. 18

90

古代バビロニア……………………14
駒込ピペット……………………41
ゴルータ…………………………19
コンピューター…………15、**70-71**

さ行

柿…………………………………17
ジー（**G**）………………………81
シーシー（**cc**）…………………41
シーベルト（**Sv**）………………81
ジェームズ・ワット………………61
紫外線……………………………63
時間…………………………46-47
時刻表……………………………46
仕事率……………………………83
仕事量……………………………72
時速………………………………48
磁束密度…………………………82
実視等級…………………………68
尺……………………13、18、20、**74**
尺貫法……………………13、20、**74**
12進法……………………………15
周波数……………………………57
重力………………………………81
ジュール（**J**）……………………72
10進法……………………………14
須臾………………………………17
秒…………………………………17
升…………………………………75
定規………………………………23

焦点距離…………………………82
照度………………………………59
消費税率…………………………66
ショートトン……………………30
視力………………………………81
塵…………………………………17
身長計……………………………23
震度………………………………65
水銀柱ミリメートル（**mmHg**）…81
スタディオン……………………19
スチルブ（**sb**）…………………81
ステラジアン（**sr**）……………81
スパン……………………………18
寸……………………………18、74、85
畝…………………………………74
世紀………………………………82
清浄………………………………17
世界最高気温……………………51
世界最低気温……………………51
赤外線……………………………63
セ氏温度（**℃**）………………**50**、64
ゼタ（**Z**）………………………17
絶対等級…………………………68
接頭語…………………………16-17
刹那………………………………17
ゼプト（**z**）……………………17
セルシウス度……………………50
センチ（**c**）………………**16-17**、22
センチメートル（**cm**）…………25
センチリットル（**cL**）…………43

千分率……………………………83
走行距離計………………………23
速度………………………………13

た行

ダース（**doz**）…………………15、82
体温計……………………………50
体重計……………………………29
体積……………………………13、**40-45**
台はかり…………………………29
台風……………………………65、72
太陽………………………51、68-69
ダイン（**dyn**）…………………82
畳……………………………25、36、74
打率………………………………67
反…………………………………74
単位系……………………………13
地球………………16、27、38、69、76
兆…………………………………17
町…………………………………74
超低周波…………………………63
直方体……………………………45
月……………………………16、27、47
坪………………………………36、**74**
ディーピーアイ（**dpi**）…………71
ディオプトリ（**Dptr**）…………82
ディジット………………………18
デカ（**da**）………………………17
デカリットル（**daL**）……………43
デシ（**d**）………………………17

デシベル（**dB**）...... 56	年 47	尋 84
デシリットル（**dL**）...... **40**、43	ノギス 23	分 ...... **16-17**、67
テスラ（**T**）...... 82	ノット（**kt**）...... 83	歩 20
デニール（**D**）...... 82		歩合 67
テラ（**T**）...... 17	**は行**	ファラド（**F**）...... 84
電圧 60	パーセク（**pc**）...... 83	フィート（**ft**）...... 15、18、**84**
電磁波 62-63	パーセント（**%**）...... 52、64、**66**	風速 64
電子はかり 29	パーミル（**‰**）...... 83	フート 18
電波 62-63	バイト（**B**）...... 70-71	フェムト（**f**）...... 17
天文単位（**AU**）...... **69**、83	パイント（**pt**）...... 83	物質量 13
電流 61	漠 17	沸点 51
電力 61	パッスス 19	プランク定数 29
斗 75	ばねばかり 29	フレーム毎秒（**fps**）...... 84
度（角度）...... 52	馬力（**PS**）...... 83	分（時間）...... 15、**46-47**
等級 68	パルム 18	分（角度）...... 52
等星 68	バレル（**bbl**）...... 83	分速 48
度量衡 20	微 17	分銅 29
トル（**Torr**）...... 82	ピーエイチ（**pH**）...... 83	分度器 52
トン（**t**）...... **28**、30、33	ビーカー 41	平方キロメートル（**km²**）...... 38-39
	ピーピーエム（**ppm**）...... 83	平方センチメートル（**cm²**）...... **34**、36、39
な行	光 ...... 49、63、69	
ナノ（**n**）...... 17、22、**24**	光格子時計 47	平方ミリメートル（**mm²**）...... 34
波 ...... 56-57、64	ピクセル（**px**）...... 70	平方メートル（**m²**）...... **34-35**、37、39
2進法 ...... 15、71	ピコ（**p**）...... 17	
日 46	ビット（**bit**）...... 71	ヘクタール（**ha**）...... **35**、39、74
ニト（**nt**）...... 82	ビットコイン（**BTC**）...... 83	ヘクト（**h**）...... 17
日本最高気温 51	百分率 66	ヘクトパスカル（**hPa**）...... 64
日本最低気温 51	秒（時間）...... 13、15、**46-47**	ヘクトリットル（**hL**）...... 43
ニュートン（**N**）...... 72、**82**	秒（角度）...... 52	ベクレル（**Bq**）...... 84
熱量 72-73	秒速 ...... **48**、64	ペタ（**P**）...... 17

五十音順さくいん

ヘルツ（Hz） .... 56-57、62
ポアズ（P） 84
ポイント（pt） 84
棒温度計 50
放射線 .... 63、81
ボルト（V） .... **60-61**、78、84

ま行

マイクロ（μ） .... **17**、24
マイル（mi） .... 19、**84**
巻き尺 23
マグニチュード（M） 65
マッハ（M） 85
ミリ（m） .... **16-17**、22
ミリアリウム・パッスス 19
ミリグラム（mg） .... **28**、30
ミリメートル（mm）... **22**、24、64
ミリリットル（mL） ...... **40-41**、43
メートル（m） .... 13、16、20
22-24、26、35、36、49、64
メートル原器 23
メートル条約 20
メートルトン 30
メートル法 .... 13、20、74
メートル毎秒（m/s） 13
メートル毎秒毎秒（m/s²）.. 13、**85**
メガ（M） 16-17
メガグラム（Mg） 30
メガバイト（MB） 71
メガヘルツ（MHz） 62

メスシリンダー 41
メッシュ（#） 85
面積 ....
..... 13、**34-36**、38-39、74、79
毛 17
モース硬度 85
モル（mol） .... 13、**85**
モルゲン 19
文 85
匁 75

や行

ヤード（yd） .... 13、**84-85**
ヤード・ポンド法 13
ヨクト（y） 17
ヨタ（Y） 17

ら行

ラジアン（rad） 85
里 74
リットル（L） .... 40、**42-43**、45
立方キロメートル（km³） 40
立方センチメートル（cm³）...40-41
立方メートル（m³） .... 40、43
両 75
料理用温度計 50
厘 .... 16-17、67
ルーメン（lm） 58
ルクス（lx） 59
レーザー測量計 41

レーザー測距 27
60進法 14-15
ロックウェル硬さ（HR） 85
ロングトン 30

わ行

ワット（W） 60-61
ワット時（Wh） 61
割 67
割合 66-67

F

F値（F） 79

記号さくいん

記号	読み	ページ
a	アール	35
A	アンペア	13
Å	オングストローム	79
ac	エーカー	79
AU	天文単位	69
B	バイト	70-71
bbl	バレル	83
bit	ビット	71
Bq	ベクレル	84
BTC	ビットコイン	83
C	クーロン	80
°C	セ氏温度	**50-51**、64、80
cal	カロリー	73
cc	シーシー	41
cd	カンデラ	13、**58**
Ci	キュリー	80
cL	センチリットル	43
cm	センチメートル	**22**、24-25、34 36、39-41、44、74
cm²	平方センチメートル	**34**、36、39
cm³	立方センチメートル	**40-41**、43-44
ct	カラット	80
D	デニール	82
daL	デカリットル	43
dB	デシベル	56
dL	デシリットル	**40**、43-44
doz	ダース	82
dpi	ディーピーアイ	71
Dptr	ディオプトリ	82
dyn	ダイン	82
F	F値	79
°F	カ氏温度	80
F	ファラド	84
fps	フレーム毎秒	84
ft	フィート	84
g	グラム	**28**、30-31、75
G	ジー	81
Gal	ガル	80
gal	ガロン	80
GB	ギガバイト	71
GHz	ギガヘルツ	62
gr	グレーン	81
gr	グロス	81
Gy	グレイ	80
h	時間	46
ha	ヘクタール	**35**、39
hL	ヘクトリットル	43
hPa	ヘクトパスカル	64
HR	ロックウェル硬さ	85
Hz	ヘルツ	56-57、62-63
in	インチ	70、78
ISO	アイエスオー	78
J	ジュール	72
K	ケルビン	13、**51**
KB	キロバイト	71
kcal	キロカロリー	73
kg	キログラム	13、16、**28-29** 30-33、75
kg/m³	キログラム毎立方メートル	13
kHz	キロヘルツ	62
kine	カイン	79
kL	キロリットル	**40**、42-44
km	キロメートル	**22**、24、27、34 69、74
km/h	キロメートル毎時	48
km/min	キロメートル毎分	48
km/s	キロメートル毎秒	48-49
km²	平方キロメートル	**34-35**、38-39
km³	立方キロメートル	**40**、43
kt	ノット	83

L	リットル	**40-45**、75
lb	ポンド	84
lm	ルーメン	58
lx	ルクス	58-59
ly	光年	68-69
M	海里	79
M	マグニチュード	65
M	マッハ	85
m	メートル	13、16、**22**、26、34-37、39、44、64、74、76
m/h	メートル毎時	48
m/min	メートル毎分	48
m/s	メートル毎秒	13、**48-49**、64
m/s²	メートル毎秒毎秒	13、85
m²	平方メートル	13、**34-37**、39、74
m³	立方メートル	13、**40-41**、43-44
MB	メガバイト	71
mg	ミリグラム	**28**、30
Mg	メガグラム	16、**30**
MHz	メガヘルツ	62
mi	マイル	84
min	分	46
mL	ミリリットル	**40-44**、67、75
mm	ミリメートル	**22**、24、34、64
mm/s	ミリメートル毎秒	48
mm²	平方ミリメートル	**34**、39
mmHg	水銀柱ミリメートル	81
mol	モル	13、**85**
N	ニュートン	82
nm	ナノメートル	24
nt	ニト	82
oz	オンス	79
P	ポアズ	84
pc	パーセク	83
pH	ピーエイチ	83
pm	ピコメートル	24
ppm	ピーピーエム	83
PS	馬力	83
pt	パイント	83
pt	ポイント	84
px	ピクセル	70
Q	級	80
qt	クオート	80
rad	ラジアン	85
rpm	アールピーエム	79
s	秒	13、**46**
sb	スチルブ	81
SPF	エスピーエフ	79
sr	ステラジアン	81
Sv	シーベルト	81
T	テスラ	82
t	トン	**28**、30、33
Torr	トル	82
V	ボルト	60-61
W	ワット	60-61
Wb	ウェーバー	78
Wh	ワット時	61
yd	ヤード	85
#	メッシュ	85
%	パーセント	52、64、**66-67**
‰	パーミル	83
°	度	52-53
μm	マイクロメートル	24
Ω	オーム	79

【監修】

成城学園初等学校教諭

高橋丈夫 （たかはし　たけお）

成城学園初等学校教諭。1965年神奈川県生まれ。東京学芸大学大学院教育学研究科修士課程修了後、大田区立大森第二小学校、港区立青山小学校、東京学芸大学附属小金井小学校教諭を経て現職。

■写真協力（五十音順）

アマナイメージズ（p26、p33）
株式会社イシダ（p29）
株式会社ウェザーニューズ（p64、p66）
産業技術総合研究所（p23、p29）
株式会社三和製作所（p23）
パナソニック株式会社（p60-62）
（公社）びわこビジターズビューロー（p38）
NASA（p27）
PIXTA
Shutterstock
©NASA/JPL（p51）
©NASA/Lorenzo Comolli（p16、p69）
©REUTERS / TORU HANAI - stock.adobe.com（p27）
©REUTERS / Michael Dalder - stock.adobe.com（p47）

※本書のデータは、2018年10月現在のものです。

□装丁・本文デザイン　石倉昌樹・隈部瑠依（イシクラ事務所）
□校正協力　　　　　　滄流社
□キャラクター　　　　山口剛彦
□マンガ・イラスト　　森永みぐ
□企画編集　　　　　　グループ・コロンブス

NDC410
監修　高橋丈夫
単位図鑑
あかね書房　2018　96P　31cm×22cm

単位図鑑

発行　　2018年12月　初　版
　　　　2025年 6月　第3刷

監修　　高橋丈夫
発行者　岡本光晴
発行所　株式会社あかね書房
　　　　〒101-0065
　　　　東京都千代田区西神田3-2-1
　　　　電話　03-3263-0641（営業）
　　　　　　　03-3263-0644（編集）
　　　　https://www.akaneshobo.co.jp
印刷　　精興社
製本　　牧製本印刷株式会社

ISBN978-4-251-09601-2
©Group Columbus, 2018　Printed in Japan
落丁本・乱丁本はおとりかえします。
定価はカバーに表示してあります。